JN245599

地理的表示保護制度 登録申請マニュアル

地理的表示保護制度登録申請マニュアル作成チーム 編著

地理的表示（GI）の登録の申請をしようと考えている方に
申請の留意事項、申請から登録までの流れや
申請書に記載する際の注意点を実務的に解説!!

JAPAN GEOGRAPHICAL INDICATION
日本 地理的表示 GI

大成出版社

はじめに

我が国には、豊かな自然や景観、歴史や伝統文化と結び付いた個性ある地域特有の農林水産物が数多くあり、国内外で高く評価されています。このような高い品質と評価を培ってきた農林水産物や食品の名称が模倣され、類似品や粗悪品が出回ることでブランド価値が損なわれてしまう事態を防ぐため、平成 27 年６月に地理的表示保護制度（GI 制度）がスタートしました。

GI 制度は、産品の名称を知的財産として保護する制度ですが、産品の名称に加え、生産地の範囲、産品の品質基準、その品質を担保するための生産方法、産品と地域の結び付きなどを一体的に審査・登録します。このため、GI 登録された産品の名称は、他の産地はもちろんのこと、たとえ同じ産地内でも生産方法・品質基準を守らないものにはその使用が禁止されます。

このように、GI 制度は、産品の名称を使える地域を限定し、さらに品質基準や生産方法等と一体的に登録するという強力な保護ツールであるため、審査のポイントが多岐に渡り、申請が難しい、審査に長い時間がかかるという印象をお持ちの方々もいらっしゃると思います。

平成 27 年の GI 制度開始当初は審査の方針も手探りの状態でしたが、制度開始から３年が経過し、次第に経験が積み重なることで、制度運用がより明確化するとともに、登録にあたって申請者の皆様が直面する問題や、それを解決するための運用上の課題も明らかになってきました。

本マニュアルは、このような具体的な審査上の問題点や、申請者の皆様からよく寄せられるご意見・ご質問等を踏まえて、できるだけ実用的なマニュアルにするように心がけました。また、巻末には、これまでに寄せられたご質問を中心に、詳細な Q＆A をつけています。

本マニュアルをご精読いただくことで、GI 登録の申請をしようと考えていただいている方々の一助となれば幸いです。

平成 30 年４月 10 日

地理的表示保護制度登録申請マニュアル作成チーム

目次

略称一覧

GI 法：特定農林水産物等の名称の保護に関する法律（平成 26 年法律第 84 号）

GI 法施行令：特定農林水産物等の名称の保護に関する法律施行令（平成 27 年政令第 227 号）

GI 法施行規則：特定農林水産物等の名称の保護に関する法律施行規則（平成 27 年農林水産省令第 58 号）

区分告示：特定農林水産物等の名称の保護に関する法律第三条第二項の規定に基づき農林水産物等の区分等を定める件（平成 27 年農林水産省告示第 1395 号）

GI マーク：登録標章（地理的表示が登録に係る特定農林水産物等の名称の表示である旨の標章であって、GI 法施行規則で定めるもの）

GI 登録：特定農林水産物等の名称の保護に関する法律に基づく登録（GI 法第 12 条）

GI 指定：特定農林水産物等の名称の保護に関する法律に基づく指定（GI 法第 28 条）

GI 産品：GI 登録された産品

審査要領：特定農林水産物等審査要領（平成 27 年 5 月 29 日付け 27 食産第 679 号食料産業局長通知）

1

地理的表示保護制度の概要

1　地理的表示保護制度の概要

1.1　本書の目的

この「地理的表示保護制度登録申請マニュアル」は、「特定農林水産物等の名称の保護に関する法律（平成 26 年法律第 84 号）」に基づき、地理的表示(GI)の登録の申請をしようと考えている方を主な対象とし、申請を検討する際の留意事項、申請から登録までの流れや申請書に記載する際の注意点等について、これまでの運用を踏まえて説明したものです。

なお、地理的表示保護制度に関する法令や区分告示、特定農林水産物等審査要領、各種ガイドライン・様式等は、農林水産省のウェブサイト（http://www.maff.go.jp/j/shokusan/gi_act/index.html）から入手することができます。

農林水産省ホームページ
地理的表示（GI）保護制度

1.2　農林水産分野における知的財産

（1）　知的財産とは

事業者が自ら開発した製品を販売する際、他社の製品と差別化を図り、自社製品の認知度を上げるため、商品名を商標として保護することや、自己の製品の開発技術を特許として保護し、他人が無断で技術を使用することを防止することが一般的であることは皆さんよく御承知のことと思います。農林水産業においても農業者等が開発した技術や商品を知的財産として保護する必要性は大きいのですが、農林水産業の現場では、必ずしも知的財産の重要性は認識されず、工業分野と比べて、各種知的財産制度が広く活用されているとはいえない状況にあります。

この原因としては、日本の農林漁業の技術の向上が、地域のリーダーである篤農家等が技術を無償で提供することによって発展してきたことや、地域における横並び意識などが考えられますが、本書で説明する地理的表示保護制度等の歴史が浅いなど、農林水産分野における知的財産の保護に向けた取組の充実が遅れたことも一因と考えられます。

「知的財産」を定義した法律としては、知的財産基本法（平成 14 年法律第 122 号）があります。同法では、「知的財産」を「発明、考案、植物の新品種、意匠、著作物その他の人間の創造的活動により生み出されるもの（発見又は解明がされた自然の法則又は現象であって、産業上の利用可能性があるものを含む。）、商標、商号その他事業活動に用いられる商品又は役務を表示するもの及び営業秘密その他の事業活動に有用な技術上又は営業上の情報」と定義しています。

このように「情報」の内容に従い、様々な種類の知的財産が存在し、農林水産分野で用いられる代表的な知的財産である種苗法（平成 10 年法律第 83 号）に基づく育成者権や、後述する GI 法に基づく地理的表示（GI）も知的財産に該当します。

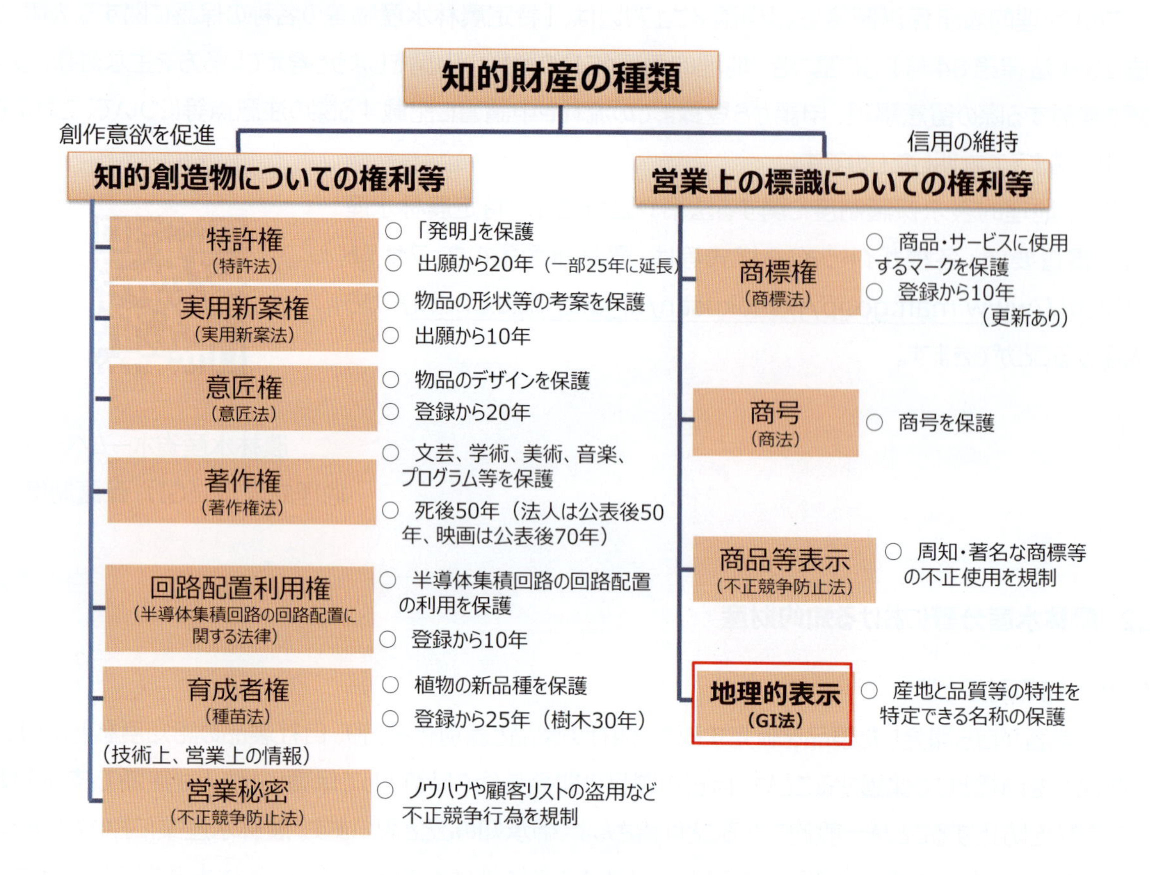

（2） 知的財産のもつ役割

上述のように知的財産は様々な種類が存在しますが、それぞれの知的財産にはそれぞれ異なった役割があります。一例を挙げると、新たに開発した植物品種を活用して利益を得たいと思う者は種苗法に基づく育成者権を取得することでその目的を達することができますが、育成者権は更新することができません。これに対し、産品の名称を保護したいと思う者は商標権を取得することでその名称を独占的に使用する権利を得ることができます（商標権は更新が可能です）が、地理的表示のように地域と結びついた品質などの特性を有する産品であることを証明する機能はありません。このように、知的財産を活用するためには、個々の知的財産権が有する機能をよく理解することが必要です。

【農林水産業・食品産業において知的財産の活用が考えられる具体的なケース】

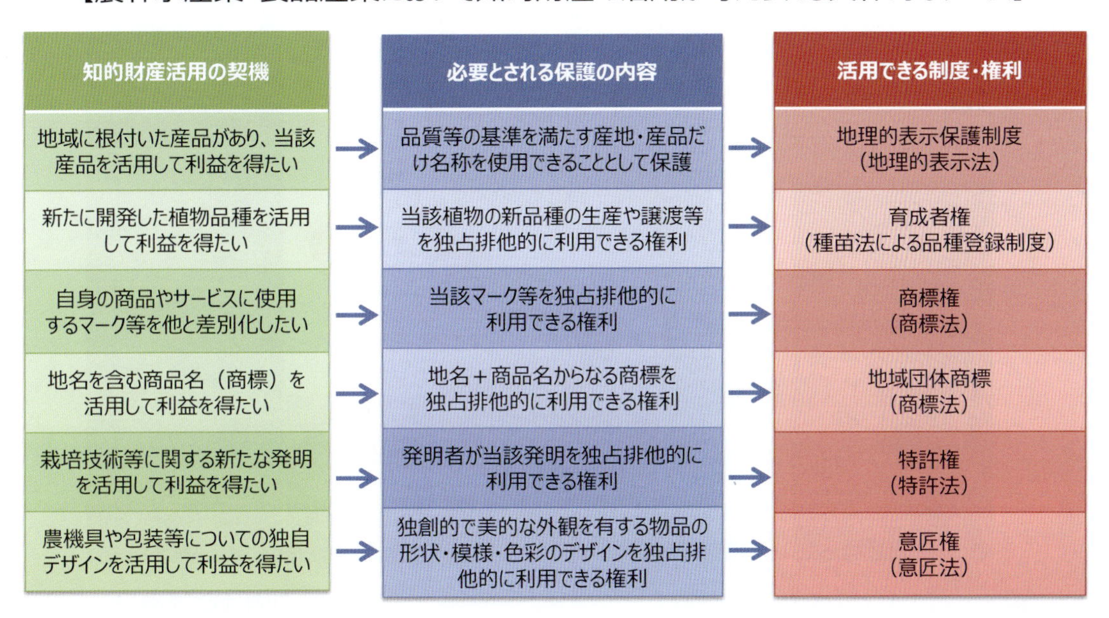

1.3 地理的表示（GI）保護制度について

（1） 国際的な知的財産制度

本書の主題である地理的表示保護制度（以下、「GI 制度」といいます。）の概要を説明します。GI 制度は、知的所有権の貿易関連の側面に関する協定（TRIPS 協定）においても知的財産権の一つとして位置付けられており、WTO 加盟国で保護されている知的財産権の一つであると世界的に広く認知されています。現在、100ヵ国を超える国で独自の GI 制度が導入されています。

我が国においては、平成 27 年 6 月に施行された GI 法により導入され、平成 30 年 4 月 9 日時点で 62 の産品が登録されています。

ＧＩ登録状況　平成30年４月９日現在

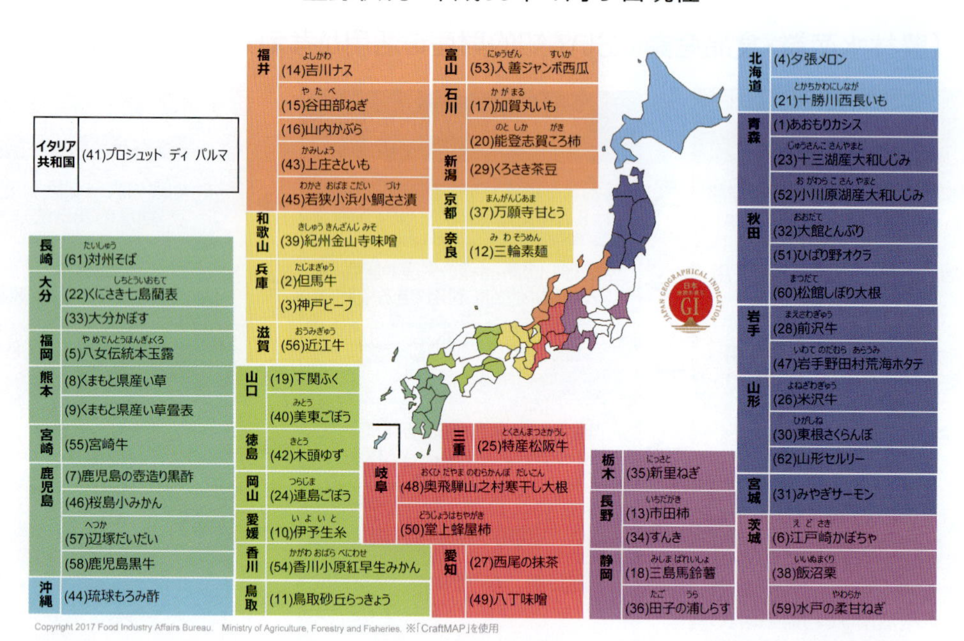

※ カッコ内は登録番号

（2） GI 制度とは

日本を始め世界中に、地域の自然条件や歴史・伝統と結び付いた高い品質を有する、いわゆる地域ブランド産品が数多くあります。このような産品の名称は、その地名と結び付いていることが多いのですが、その産品の評価が高くなればなるほど、その地域と全く関係がない地域で作られた産品や、その産品の特徴を備えていない産品でも、その地域の産品であるような名前で販売されることがおこります。GI 制度は、このような問題に対応するために設けられた、知的財産を保護するための制度です。[1]

---

[1] GI 制度には大きく二つの目的があります。

一つ目は生産業者の利益の保護です。GI 法は、生産地と結び付きを有する特性（他の同種の産品と区別することのできる特徴を指します（後述））のある産品にのみ地理的表示（GI）を付すことができるとしています。GI とはこのような特性を有する産品の名称の表示を指しますが、登録された産品以外に GI を付すことを禁止する、すなわち、GI 法に基づく登録がされていない（≒登録された基準に従って生産されていない）産品の名称使用を規制することによって産品の価値に対するフリーライドを防止し、登録産品の生産業者の利益保護を図っています。

二つ目は需要者（消費者等）の利益の保護です。GI 制度により、需要者は GI が付された産品を購入することが可能となり、表示を信頼した需要者の利益保護が図られることになります。

1.4 GI 法について

（1） GI 法の枠組

GI 法は、「特定農林水産物等[2]」をその名称、生産地、特性、生産の方法、その特性がその生産地に主として帰せられる理由等と併せて登録し、その名称を保護するものです。以下の点が GI 法の特徴です。

ア　登録された明細書に記載された事項（生産地や産品の品質等の特性、生産方法等）に即さない産品は、GI 産品と同一又は類似の名称を使うことができません。使用した場合、不正使用となります。[3]

イ　GI 産品の名称を付す（地理的表示を行う）際には、併せて登録標章（GI マーク）を付さなければなりません。

ウ　「特定農林水産物等」として GI 法に基づく登録を受けることは、個々人に独占的・排他的な財産権を付与するものではないため、
- 個別の私人や企業が名称の使用差止めや損害賠償などを裁判所に主張することはできません。
- 登録された「特定農林水産物等」の名称等の不正使用については国が取り締まります。
- 当初登録を受けた団体以外の生産者団体が追加登録の手続を経て、登録された GI 産品の名称を使用することは可能です。
- 他者に名称使用のライセンスを付与することはできません。

エ　登録の失効、取消のない限り、GI に使用期限はなく、更新の必要もありません。

地理的表示保護制度の枠組

制度の大枠	効果
① 産品（特定農林水産物等）をその生産地や特性、品質の基準等とともに登録 ※ 登録された産品の名称の表示＝地理的表示	○ 基準を満たす生産者だけが、自らの産品に「地理的表示」を付すことが可能。
② 登録内容を満たす産品には、「地理的表示」を付することが可能。地理的表示を付する場合には、併せて登録標章（GIマーク）を付す必要。	○ 品質を守るもののみが市場に流通。 ○ GIマークにより、他の産品との差別化が図られる。
③ 不正な地理的表示の使用は行政が取締り。	○ 訴訟等の負担なく、自らの産品のブランド価値を守ることにつながる。
④ 生産者は既登録団体への加入・別途の生産者団体としての登録により、自らの産品に地理的表示を付することが可能。	○ 地域共有の財産として、追加登録等を受けることで地域の生産者全員が使用可能。

2　「特定農林水産物等」とは、特定の地域を生産地とし、産品の特性がその生産地に主として帰せられるものを指します（GI 法第２条第２項）

3　なお、以下のような場合でも同一又は類似の名称と扱われ、その名称を使うことができません（Q & A（8）表示関係参照）。
（1） 食品表示法などでは、真正な産地を記載していれば、他の産地において生産されたものと同一の名称を使用できますが、GI 法の場合は、明細書に記載された生産地以外で生産されたものは、たとえ真正な産地を明記していても同一又は類似名称とみなします。
（2） 翻訳した名称や、ローマ字表記をカタカナ表記にしたものも同一又は類似とみなします。
（3） 真正品でないことを明らかにするために、〇〇タイプ、〇〇様式、〇〇のパロディーなどと表記した場合でも類似名称とみなします。

（２） GI 法の対象となる産品の種類

GI 法の登録対象となるのは、下記の産品です。酒類や医薬品等は対象になりません。

登録可能な産品（農林水産物等）の範囲

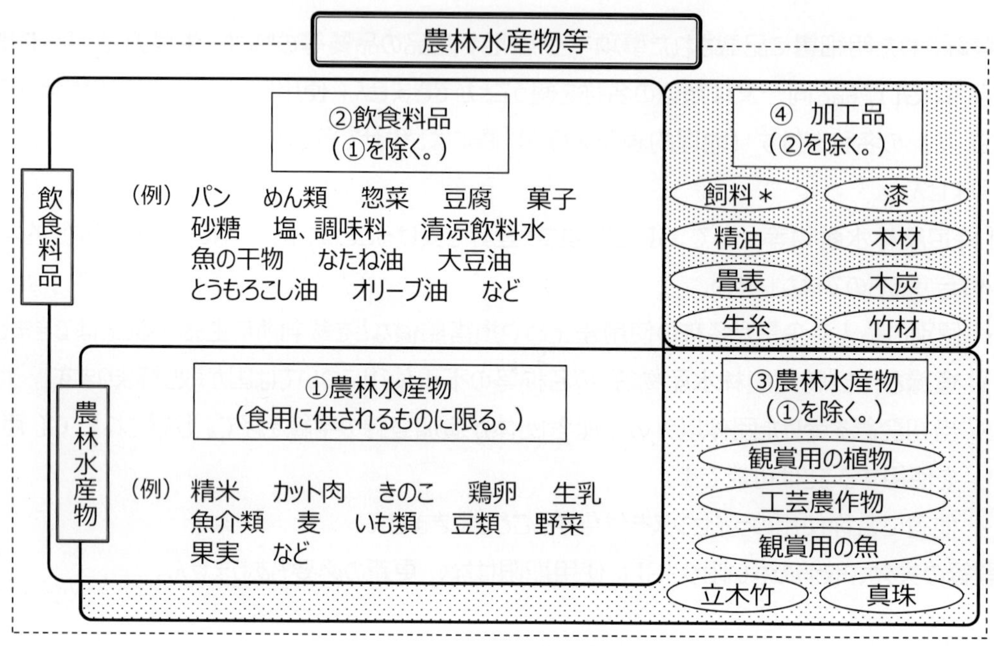

＊農林水産物を原料又は材料として製造し、又は加工したものに限る。

（3） 地理的表示とは ―登録産品の例―

地理的表示とは、農林水産物・食品等の名称で、その名称から当該産品の産地を特定でき、産品の品質等の確立した特性が当該産地と結び付いているということを特定できる名称の表示をいいます。

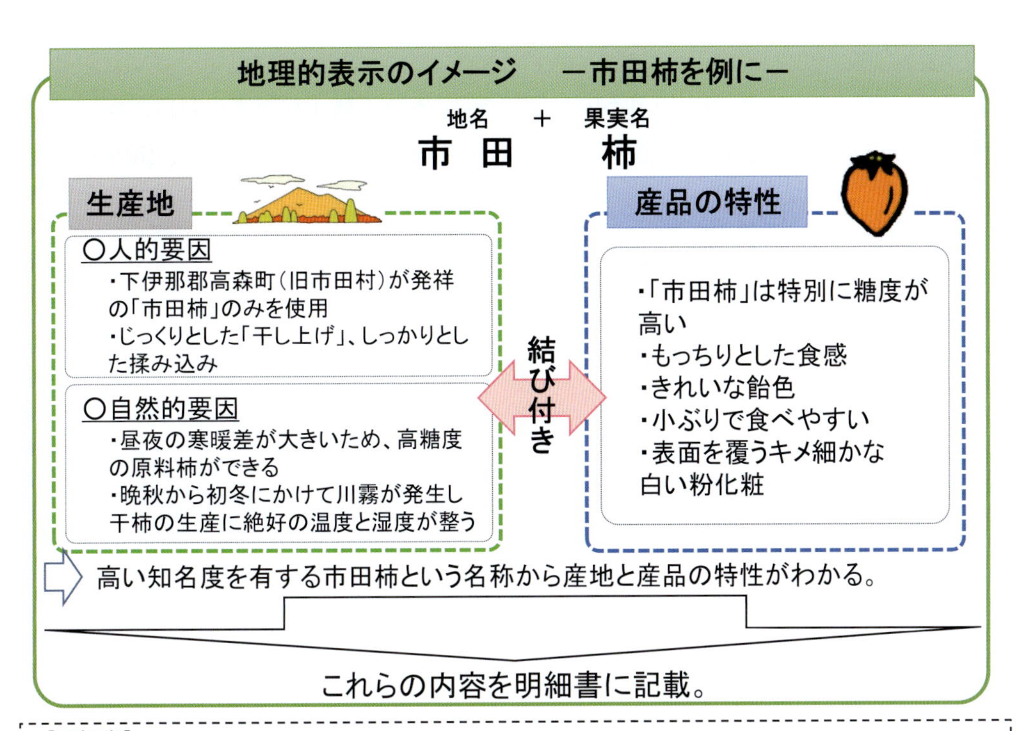

【明細書】
明細書は保護の対象を示すものであり、極めて重要です。登録後は、明細書に示された生産地で生産されていないもの、明細書で示された生産の方法に従わないものについては地理的表示を使用できなくなります。明細書の主な記載事項は下記の通りです。

【生産・生産地】
一般用語としての生産とは異なり、その生産地と結び付いた特性を付与または維持する行為を「生産」と定義します。そのため、加工品の場合、通常、加工する行為が「生産」行為に該当します。また、「生産」が行われる場所を「生産地」と言います。

【特性】
その産品の生産地における自然的要因や社会的要因と結び付いた特性であることが、地理的表示として登録される必須の要件です。
生産地との結び付きがなく、単に品質が良いということは、ここでいう特性とは認められません。

【生産の方法】
産品が出荷されるまでに行われる一連の行為のうち、産品に特性を付与又は保持するために行われる行為をいいます。

【産品の特性がその生産地に主として帰せられるものであることの理由】
産品の特性とその生産地との結び付きが必要です。産品の特性が広く栽培されている品種の特性と同じである場合等、生産地との結び付きがないと評価される場合は登録できません。

（4） GI マークについて

「GI マーク」とは、GI 法施行規則で定められた下記のマークを指します。GI 産品に地理的表示を付す場合には、GI マークも併せて付さなければなりません。これは GI マークが、GI 法に基づき登録された明細書に従って生産された産品であり、産品の確立した特性と地域との結び付きが見られる真正な GI 産品であることを証するものであるためです。そのため、GI 産品を原材料として使用した加工品には、加工の過程を明細書で確認できないため、GI マークを付すことはできません。

なお、GI マークを付すことで、輸出をする場合にも、輸出先国で真正な日本の GI 産品であることを証することができます。また、海外における模倣品対策として、主要な輸出国において GI マークの商標登録を進めています。

ＧＩマークの商標登録

- ▶ 主要な輸出先国においてGIマークを商標登録出願中

 （※ 韓国、台湾、ラオス、オーストラリア、ニュージーランド、ミャンマー、カンボジア、フィリピン、EUについては商標登録済み）

- ▶ 輸出先国で我が国の真正な特産品であることを明示し、差別化

- ▶ 真の日本の特産品の海外展開に寄与
- ▶ 農林水産物・食品の輸出促進

GIマークが日本の地理的表示保護制度のものであることをわかりやすくするため、大きな日輪を背負った富士山と水面をモチーフに、日本国旗の日輪の色である赤や伝統・格式を感じる金色を使用し、日本らしさを表現しています。

（５） GI 法に基づく審査手続

申請は生産業者を直接又は間接の構成員とする団体が行うことができます。生産者団体は既存の団体（農業協同組合等）でもいいですし、新たに協議会を立ち上げても構いません。ただし、生産者団体には後述のとおり生産行程管理業務規程を遵守する義務が発生するため、登録後もきちんと産品の生産行程管理業務を行うことができる団体である必要があります。

GI 法に基づく審査・登録は下記手続を経てなされます。

① 生産者団体からの申請後、農林水産省において提出された書類の形式的な不備の有無が審査され、その後、特性、産品の名称、生産方法の基準など登録の主たる要件を中心に内容面の審査が行われます。その間、必要に応じ補正指示が出されますが、この期間が登録までに最も時間を要し、数ヶ月以上となるのが通例です。

② 内容の審査が行われた後、公示され、３ヶ月間の意見書提出期間が設けられます。意見書の提出期限は農林水産省ホームページで確認が可能です。

③ 意見書の提出期間経過後、農林水産省において学識経験者委員会が開かれ、委員から登録の可否に係る意見を聴取することとされています。

④ その後、提出された意見書や学識経験者委員の意見を踏まえ、農林水産大臣が登録の可否を判断しますが、登録する場合は農林水産省ホームページに登録簿が公示され、登録を拒否する場合は申請した生産者団体に対し、拒否した旨とその理由が書面により通知されます。なお、登録された場合、速やかに登録免許税（１件当たり９万円）を納付する必要があります（更新不要）。

登録手続フロー図

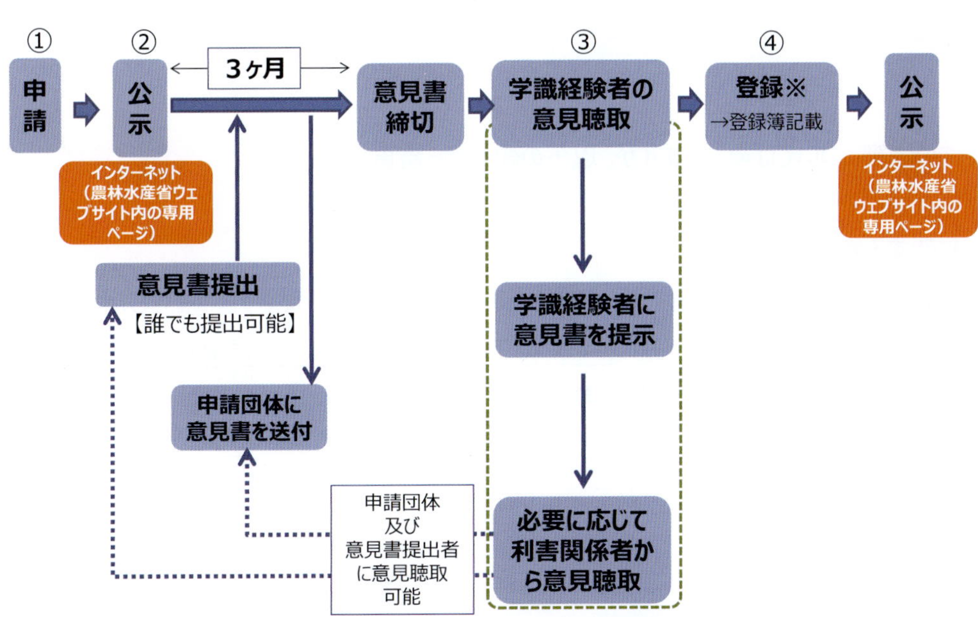

※ 処分（登録若しくはその拒否）に不服がある場合は、行政不服審査法、行政事件訴訟法により当該処分を争うことが可能。

1.5 GI 法に基づく登録の主たる要件について

登録の主たる要件として、産品に関する要件、産品の名称に関する要件、生産者団体に関する要件、生産行程管理業務に関する要件があります。図示すると下記のようになります。

GI登録の主たる要件

産品に関する基準

産品が以下の基準を満たすこと

○品質、社会的評価その他の特性を有すること

○上記特性が、自然条件、伝統的製法など生産地域との結び付きを有すること
（GI法第２条第２項及び第13条第１項第３号イ）

○ 産品が地域に定着していること
（概ね25年程度生産していること）
（GI法第２条第２項第２号及び審査要領 別添４農林水産物等審査基準第２の（２）のア）

＊このような基準を満たす産品を「特定農林水産物等」という

産品の名称に関する基準

以下の場合は登録できない

○ 普通名称であるとき（GI法第13条第１項第４号イ）

○ 産品の名称が以下の産品に関する基準を満たす農林水産物等でないとき（GI法第13条第１項第４号イ）
① 名称から産地を正しく特定できる
② 名称から産品の特性を正しく特定できる

○ 既に商標登録されているとき（但し、商標権者がＧＩ登録することに同意する場合を除く）
（GI法第13条第１項第４号ロ及び同条第２項）

生産者団体、生産方法に関する基準

○ 生産行程を管理する生産者団体があること（法人格は問わない）（GI法第２条第５項及び第６項）

○ 生産者団体について、加入の自由が規約等に定められていること
（GI法第２条第５項及びGI法施行規則第１条第１号）

○ 生産者団体が産品の特性を確保するために必要な規程である「生産行程管理業務規程」を作成し、遵守できること（GI法第13条第１項第２号及びGI法施行規則第15条）

○ 生産者団体が生産行程管理業務を実施するために必要な経理、人員体制を有すること（GI法第13条第１項第2号ハ及びニ）

それぞれの要件の詳細については後述しますが、以下の観点から審査されます。

（１） 産品に関する要件

GI 登録されるためには、産品が「確立した特性」を有していることが必要です。「確立した特性」としているのは、前述した GI 法の立法趣旨から、いかに特性を有する産品であっても、その産品が地域に根付いたものでなければ、知的財産として保護すべきではないと考えられるためです。[4]

---

[4] 運用実務においては、特性が確立しているか否かは当該特性を有した状態で概ね 25 年の生産実績があるか否かで判断されています。

（２）　産品の名称に関する要件

GI 産品の名称はなんでも良いという訳ではありません。GI 制度は特定農林水産物等の名称の保護を目的としており、保護のためにはその産品の名称から産地や当該産品の特性と地域のつながりを特定できなければなりません（GI 法第 13 条第１項第４号イ）。[5]

具体的にどのような場合に特定できるとされるかは、産品が出荷される段階で付されている名称が需要者にどのように認識されているかを基本に判断されます。登録に当たって問題となることも多いため、申請の際に上記のような点を整理しておくことが肝要です。

（３）　生産者団体に関する要件

GI 法では登録申請は生産者団体が行うこととされており、生産者団体についても一定の要件があります。まず、生産者団体は生産業者を直接又は間接の構成員とする団体でなければなりませんが、構成員に生産業者以外の関係者を含めても構いません。[6]

また、生産者団体は正当な理由なく新規の加入を制限してはならず、この旨を基本約款等において定めることが必要です。[7]

5　名称と産地の関係について、必ずしも地名が含まれている必要はありませんし、名称で明示されている地域と登録された生産地が一致する必要はありませんが、名称から大体の産地を特定できるものである必要があります。そのため、以下のような場合は GI 登録をすることができません。

（１）名称から産品の特性と地域のつながりを特定できない場合

ア　申請産品と類似の名称の産品が市場に存在し、消費者から見て、申請産品と類似産品の識別が難しいと思われる場合（申請産品が○○牛で、その特性を満たさない産品に、○○和牛という名称が使用されている場合）

イ　特定の団体が統一マーク等を使ってブランド化しているが、それ以外の産品も同一名称で販売されている場合

ウ　同一産品の上位規格品のみを GI 登録申請し、それ以外のものは非 GI 産品として同一又は類似の名称を使用する場合

エ　登録の申請に当たって産品に新たなブランド名を付すような場合は、名称から特定農林水産物等であることが特定できないため、登録できません（名称については 25 年の使用実績を要求されませんが、その名称から産品を特定できない場合は登録できません。）。

（2）普通名称の場合

申請産品の名称が普通名称である場合は登録できません。普通名称とは、その名称が我が国において、特定の場所、地域又は国を生産地とする農林水産物等を指す名称ではなく、一定の性質を有する農林水産物等一般を指す名称のことです（例：さつまいも、高野豆腐、伊勢えび等。審査要領別添３名称審査基準第２の１（１）参照）。

なお、申請産品の名称が複合語（二つ以上の単語が結び付き、別の意味を有する語となったもの）であって一部に普通名称が含まれる場合は、複合語全体として GI 登録することはできますが、当該普通名称の部分は地理的表示として保護されません（例：「○○さつまいも」が GI 登録された場合、「さつまいも」は普通名称なので保護の対象にはなりません。）。

（3）動植物の品種の名称と同一の名称の場合

申請産品の名称が、動物又は植物の品種名と同一の名称であって、生産地について需要者に誤認を生じさせるおそれがあるものである場合は登録できません（種苗会社等が品種開発を行い、その名称の種苗等が販売・流通している等）。

（4）申請産品の名称と同一又は類似の商標が登録されている場合

申請産品の名称と同一又は類似の商標が登録されている場合、商標権者（当該商標の専用使用権者を含む）から GI 登録をすることについての承諾を得る必要があります。

6　申請者は法人でなくても構いませんが、その場合は代表者又は管理人の定めがなければなりません。そして、生産方法や品質等の基準を満たしているかどうか、地理的表示・GI マークを適正に表示しているかどうか等を管理する経理的基礎と組織体制が整備されている必要があります。

7　GI 産品を、特定の者に帰属するものではなく、地域全体で育んできた地域共有の財産として保護することが、我が国の GI 法の一つの大きな特徴となっています。なお、これまで地域と全く無関係であった第三者が参入し産品が変質してしまうことを懸念する声を聞くこともありますが、生産地や産品の特性、産品の方法等を適切に定めれば、登録された基準以外の産品に GI 産品の名称を用いることはできないので、前述のような産品の変質を心配する必要はありません。

（4） 生産行程管理業務に関する要件

生産行程管理業務は、産品の特性を確保・維持するため生産者団体が行う手順を定めたものです。具体的には、産品の仕様書である明細書の作成・変更、産品の生産が明細書に適合して行われるために必要な指導・検査等を指し、この内容を定めたものを生産行程管理業務規程といいます（GI 法第２条第６項及び第７条第２項）。[8]

1.6 GI 法に基づき登録された産品の保護（規制内容等）

（1） 規制の対象とその範囲

「GI 産品が保護される」というのはどういった意味なのか、主なポイントを簡単に説明します。

ア　GI 法は GI 産品について地理的表示を付すことが「できる」と規定していますが、付す対象は GI 産品やその包装等に限られています（生鮮農産物など、商品に表示を付すことがない場合には、商品に近接して置かれているポップへ表示する行為なども付す行為とみなされます。）。

イ　広告等に付すことも可能ですが、GI 法の規制対象ではありません。ただし、不正競争防止法（平成５年法律第 47 号）や不当景品類及び不当表示防止法（昭和 37 年法律第 134 号）の規定との抵触がないよう留意することが必要です。

ウ　地理的表示を付す場合には、GI マークも併せて付さなければなりません（GI 産品を使用した加工品に GI 産品の名称を使用することはできますが、生産行程管理業務により明細書の内容が遵守されていることを確認した GI 産品ではないため、GI マークを付すことはできません。）。

エ　GI 産品が属する区分（区分告示において定められていますが、登録された産品が野菜類であれば野菜類が区分となります。）と同一の区分に属する産品やその加工品に地理的表示を付すことが規制されます。

オ　その結果、原則として生産者団体の構成員である生産業者や、その生産業者から GI 産品を購入する等して譲り受けた者しか産品やその包装・送り状等に地理的表示を付すことができません（地理的表示の貼付を第三者に委託することは可能です。）。

カ　GI 産品の名称そのものだけでなく、それと類似の名称を地理的表示として付すことも規制されます。[9]

（2） 規制の対象範囲とその例外

前述のように、GI 法に基づく保護を受けることで GI 産品の生産者団体やその構成員等以外の者による地理的表示の使用は制限を受けます。一定の例外は許容されますが、その場合であっても、GI 登録された産品そのものではないため、GI マークを付すことはできません。[10]

---

[8] 生産行程管理業務は上述の通り生産者団体が行うこととされていますが、生産者団体が別の者に当該業務の全部又は一部を委託すること自体は禁止されていないため、委託することが可能です。ただし、その場合であっても、生産行程管理業務を委託先に適切に行わせる責任は生産者団体にあることに留意が必要です。

[9] Q & A（8）表示関係参照

[10] 例外的な取扱いは下記の通りです。

（1）GI 登録の前に出願された商標が、その後登録された場合、当該商標権者は仮にそれが GI 産品と同一又は類似の名称であっても引き続き使用することが可能です。同様に、GI 登録の前から登録されていた商標を使用する権利を有している者も引き続き当該登録商標を使用することが可能です（ただし、Q&A(10)商標の各記載事項について留意が必要です。）。

（2）登録の日前から不正の目的でなく、業務として継続して GI 産品と同一又は類似の名称を使用していた者も引き続きその名称

（3） 罰則等

地理的表示の不正使用等についてはペナルティーが課せられます。ただし、GI 法の規定に違反した場合であっても即時に罰則が科されるわけではありません。口頭指導等を行った上で、従わない場合に初めて罰則の適用が検討されることとなります。（GI 法第 39 条～第 43 条）

ＧＩ法違反に関する主な罰則

○ 地理的表示の不正使用（GI法第39条）

農林水産大臣による命令
＜不正使用者に対する行政措置＞【ＧＩ法第５条第１号】

命令違反

＜個人＞ ５年以下の懲役又は500万円以下の罰金（併科可）

＜団体＞ ３億円以下の罰金【GI法第43条第１項第１号及び同条第２項】

○ GIマークの不正使用（不使用含む）（GI法第40条）

農林水産大臣による命令
＜不正使用者に対する行政措置＞【ＧＩ法第５条第２号及び第３号】

命令違反

＜個人＞ ３年以下の懲役又は300万円以下の罰金

＜団体＞ １億円以下の罰金【GI法第43条第１項第２号及び同条第２項】

○ 登録後の義務違反（GI法第42条）

- 生産者団体の名称等の変更の届出、登録失効の届出をしなかった場合（虚偽の届出を含む）【GI法第17条第１項及び第20条第２項】
- 生産行程管理業務規程の変更や生産行程管理業務の休止の届出をしなかった場合（虚偽の届出を含む）【GI法第18条及び第19条】
- 生産者団体等の関係者の報告懈怠（虚偽報告を含む）又は検査忌避等【ＧＩ法第34条第１項】

＜個人＞30万円以下の罰金

＜団体＞30万円以下の罰金【GI法第43条第１項第３号及び同条第２項】

を使用することが可能です。

※この（2）については特に留意が必要です。

第一に、このような例外が相当数存在した場合、産品の名称からは特性を有する産品を指しているか特定できないため「特定農林水産物等」に該当しないと判断される可能性があります。

第二に、農林水産省ホームページにおいて登録申請の公示がされた後に、当該申請産品の名称と同一又は類似の名称の使用を開始した場合は、悪意を持って使用したとして不正の目的があると推認されます。

第三に、業務として継続して使用している必要があるため、名称使用の反復・継続性がない場合は、ここでいう例外的な場合には該当しないと判断されます。

1.7 GI法に基づく海外との相互保護について

平成28年12月のGI法の改正により、条約等により海外のGI産品の相互保護を可能とする規定を創設しました。ここでは、その手続と保護の内容について概説します。なお、相互保護により保護される産品は、生産者団体からの申請に基づくものではなく、条約等の国際約束の締結に基づくものであるため、「登録」ではなく、農林水産大臣が「指定」することにより、我が国のGI法に基づき国内で保護されます。

（1） 保護（指定）の手続

保護（指定）の手続は登録の場合と似ていますが、大きく異なるのは以下の点です。

ア 日本のGI制度と同等の水準にあると認められる制度を有する外国等と条約等の国際約束を締結していることが前提となっています。

イ 指定の場合も学識経験者からの意見聴取等、登録の場合と同様の手続を踏んでなされますが、指定は、生産者団体からの申請に基づいて行われるものではないため、生産者団体は指定事項には含まれません。

ウ 指定対象となる産品は、我が国と同等のGI制度を有する国において既にGI登録されている産品であり、お互いに相手国の制度を信頼して相互保護することが前提となっているため、基本的に相手国政府が定める明細書を日本でも適用することになり、明細書や生産行程管理業務規程の適否は指定の可否には影響しません。

（2） 保護（指定）の内容

指定の場合も登録の場合と同様に産品が指定の対象ですが、（１）に述べた理由により、生産者団体は明記されません。また、明細書で示される品質や生産方法等の適合性の確認は相手国が責任を持って行うことを前提としており、我が国において確認するものではないため、指定産品に日本のGIマークを付すことはできません。

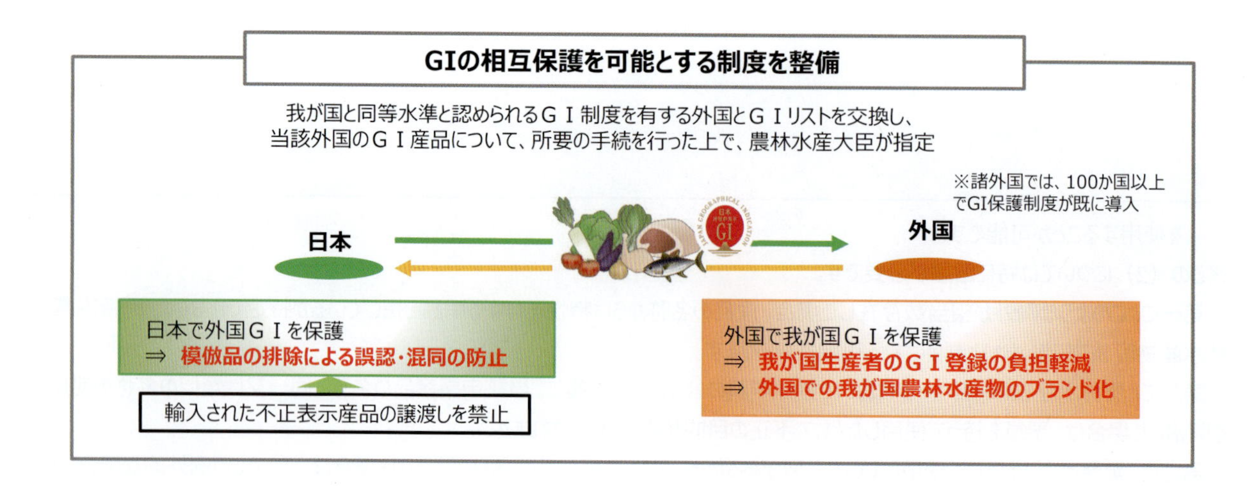

2

申請から登録までの流れ

2 申請から登録までの流れ

GI 制度による保護を受けるためには、農林水産大臣に申請し、登録を受ける必要があります。ここでは、申請から登録までの手続の流れの概要を説明します。

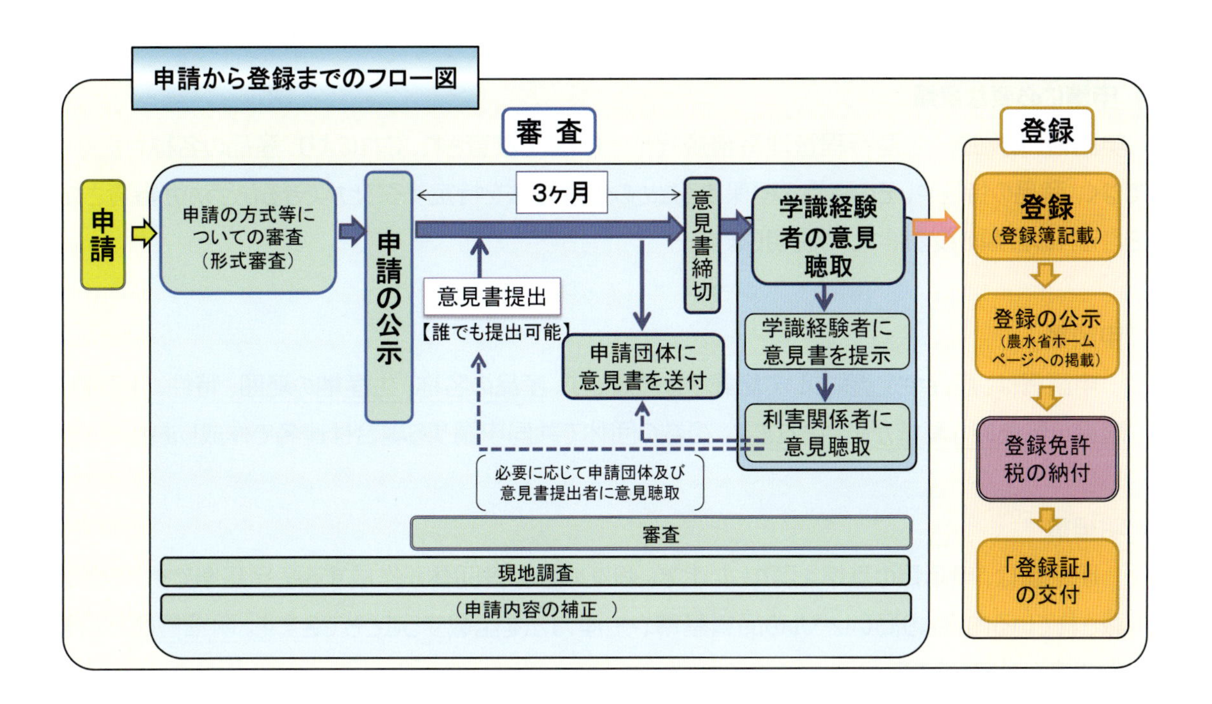

登録までの手続は、大きく分けて、以下の３つの段階に分かれます。

（1）申請　申請書類を揃え、農林水産大臣に提出する。

（2）審査　提出された申請書類を農林水産省の審査担当者が審査。申請内容を公示し、３ヶ月間の意見書提出期間を経た後、学識経験者から意見を聴取する。

（3）登録　提出された意見書や学識経験者の意見を踏まえ、農林水産大臣が登録の可否を判断。可と判断されたら登録される。

2.1 申請

申請は、以下の書類を農林水産大臣に提出することで行います（GI 法第７条並びに GI 法施行規則第６条及び同規則別記様式１）。なお、申請は、生産者団体自らが行う場合のほか、代理人により行うこともできます。

（１）申請に必要な書類

申請書、明細書、生産行程管理業務規程が一体として審査され、これにより、産品の名称や生産地だけでなく、産品の特性や、その特性を担保するための生産方法を特定することができるかどうかが審査されます。それぞれの書類の役割について説明します。

ア　申請書

申請書は、産品の定義について記載する書類です。産品の名称、生産地の範囲、特性、生産方法など、産品の普遍的な基準が記載されます。複数の団体で共同申請する場合は連名で作成します。

イ　明細書

明細書は、申請書の基準を満たした上で、個々の生産者団体が作成する産品基準です。申請書に記載されている内容より高いレベルの品質基準や生産方法を記載することもできます。明細書は、団体ごとに作成することになります。

ウ　生産行程管理業務規程

生産行程管理業務規程には、明細書に記載された産品の生産地や特性、生産方法を生産業者が遵守しているかどうか、また、産品を出荷するときに地理的表示及び GI マークが適正に付されているかどうかの検査・確認方法や記録の作成など管理方法に係る規定が記載されます。従って、明細書と同様に、生産者団体ごとに作成することになります。

ＧＩ産品の申請

申請書

名称、生産地、特性、生産方法など
産品の普遍的な基準

明細書（生産者団体ごとの特色の付加が可能）

申請書の基準を満たすことを前提とした
生産者団体ごとの産品基準
（産品基準が変更された場合は明細書に反映）

生産行程管理業務規程

明細書に適合した生産の方法、
検査等の管理方法に係る規程

○　品質特性を有するもののみを知的財産として保護

○　品質を維持するための生産方法が義務づけられ明確化

エ　申請に必要な各種添付書類

申請書の添付資料として、明細書、生産行程管理業務規程のほかに提出する必要がある各種添付資料は、以下のとおりです。

<table>
<tr><th></th><th>書類名</th><th>根拠法令</th><th>説明</th></tr>
<tr><td rowspan="6">必ず添付すべき書類</td><td>GI法第２条第５項に規定する生産者団体であることを証明する書類</td><td>GI法施行規則第７条第２号</td><td>登記事項証明書、定款等の基本約款など法人の類型によって、提出を要する書類が異なります</td></tr>
<tr><td>GI法第13条第１項第１号に規定する欠格条項に関する申告書</td><td>GI法施行規則第７条第４号</td><td>審査要領別記様式5により作成してください</td></tr>
<tr><td>GI法第13条第１項第２号ハに規定する経理的基礎を有することを証明する資料</td><td>GI法施行規則第７条第５号</td><td>最近の事業年度における財産目録・貸借対照表・収支計算書等（これらの書類の添付が難しい場合、預貯金通帳の写し等でも可）</td></tr>
<tr><td>GI法第13条第１項第２号ニに規定する必要な体制が整備されていることを証明する書類</td><td>GI法施行規則第７条第６号</td><td>申請者の組織に関する規程や業務分担表等</td></tr>
<tr><td>申請農林水産物等が特定農林水産物等に該当することを証明する書類</td><td>GI法施行規則第７条第７号</td><td>申請書の「４　農林水産物等の生産地」、「５　農林水産物等の特性」、「６　農林水産物等の生産方法」、「７　農林水産物等の特性がその生産地に主として帰せられるものであることの理由」及び「８　農林水産物等がその生産地において生産されてきた実績」欄の記載内容を裏付ける資料</td></tr>
<tr><td>申請農林水産物等の写真</td><td>GI法施行規則第７条第８号</td><td></td></tr>
</table>

場合に応じて添付する書類	委任状	GI 法施行規則第7条第1号	代理人によって申請をする場合に添付します
	誓約書	GI 法施行規則第7条第3号	外国の団体による申請の場合に添付します
	商標権者等の承諾を証明する書類	GI 法施行規則第7条第9号	申請者が、GI 法第 13 条第 1 項第 4 号ロに該当する場合、GI 法に基づく登録をすることについて、商標権者又は専用使用権者からの承諾を得ていることが必要です
	翻訳文	GI 法施行規則第5条	書類を外国語で作成した場合に添付します

（2）申請書類の提出方法

申請書類の提出は、申請の受付窓口である農林水産省食料産業局知的財産課に郵送又は受付時間内に持参してください。なお、いずれの場合も、下記の受付窓口に到着した日が申請日となり、郵便物の消印の日付や農林水産省に送達された日が申請日となるわけではありません。申請が受け付けられると、申請者に、申請を受け付けた旨、申請番号、申請日が通知されます（審査要領別記様式１）。

【申請の受付窓口】
農林水産省食料産業局知的財産課
〒100－8950 東京都千代田区霞が関１丁目２番１号
電話 03－3502－8111（代表） 内線 4284
受付時間：10 時から 12 時まで、13 時から 17 時まで

2.2 審査

申請が受理されると、農林水産省食料産業局知的財産課の審査担当者（以下「審査官」といいます。）による審査が行われます。

（1） 形式審査 （申請の方式等についての審査）

申請が受理されると、まず、申請内容が GI 法やその下位法令に従っているのかどうかについて、形式的な審査が行われます。申請内容に不備がある場合には、審査要領の「形式補正の指針」に従って申請者に対し補正を求めることがあります。これまでの申請例では、産品区分の記載が区分告示に従っていない場合や、代表者の役職名が記載されていないといった不備が見られました。

申請書の補正が必要となった場合には、審査官から文書（審査要領別記様式 2）が送付されますので、その内容を精査の上、提出期限内に提出窓口に補正書（審査要領別記様式 3）を提出して補正を行ってください。なお、不備が軽微なものである等の場合は、申請者又は代理人に確認の上、審査官が職権により補正することもあります。

適切な対応がとられない場合や申請手続に重大な瑕疵がある場合は、申請が却下されることがあります。なお、申請が却下された場合には、その旨が申請者に通知されます（審査要領別記様式 4）。

（2） 実質審査

審査官が申請書等の記載内容を補正することが適当と認める場合には、文書（審査要領別記様式 13）で申請者に対し補正を求めることがあります。その内容を精査の上、提出期限内に提出窓口に、補正書（審査要領別記様式 14）を提出して補正をしてください。

補正内容が、申請書等の記載内容を実質的に変更しないものである場合には、申請者又は代理人に確認の上、審査官が職権により補正する場合もあります。なお、審査の迅速な実施の観点から、審査官による補正事項の指摘は可能な限りまとめて行われます。

（3） 現地調査

審査官は、その他必要に応じて、申請産品の生産地、生産業者、申請者（生産者団体）等について現地調査を行います。現地調査では、申請農林水産物等の生産や生産行程管理業務が、申請書記載の内容に則して行われているのかの確認、その他審査に必要な事項について聞き取りなどを行います。なお、現地調査の実施については、文書（審査要領別記様式 12）により、申請者に事前に通知されます。

（4） 申請の公示

申請内容等に不備がなく、取下げ等がされなかった申請については、申請書記載内容が、農林水産省のホームページ上に公示されます（GI 法第 8 条第 1 項）。また、公示後 2 か月間は、申請書・明細書・生産行程管理業務規程を農林水産省食料産業局知的財産課において縦覧することができます（GI 法第 8 条第 2 項）。

公示後３か月間は意見書提出期間として、誰でも当該申請に対する意見書（GI 法施行規則別記様式２）を農林水産省に提出することができます（GI 法第 9 条第 1 項）。なお、意見書は農林水産省への到着をもって提出として扱われます。意見書が提出された場合には、審査要領別記様式 10 により意見書の写しが申請者に送付されます（GI 法第 9 条第 2 項）ので、意見書の内容を踏まえ、必要に応じて、改めて地域内で話し合いを行う、申請書等の内容を補正する、追加して書類を提出する等の対応を検討してください。

なお、実質審査は学識経験者委員による意見聴取（後述）の時点まで行われる可能性があり、それが実質的な内容の変更につながる場合など、公示後に申請書等に実質的な変更があった場合は、再公示されます（GI 法施行規則第 11 条）。その場合には、改めて縦覧期間（２ヶ月）及び意見書提出期間（３ヶ月）が設けられます。

（5） 学識経験者の意見の聴取

意見書提出期間経過後、学識経験者に登録拒否要件の該当性の有無について意見を聴く委員会（非公開）が開かれます（GI 法第 11 条及び GI 法施行規則第９条）。

（6） 申請の取下げ

申請の取下げは、申請者が取下書（審査要領別記様式８）を農林水産省に提出することにより行われます。申請の取下げは、申請後、審査係属中であれば、いつでも行うことができます。なお、申請の取下げがあった場合には、農林水産省から取下げ手続が完了した旨が通知されます（審査要領別記様式 9）。

（7） 登録

学識経験者委員会の終了後、その意見を踏まえて登録の可否が決定されます。

ア 登録の場合

最終的に登録が適当であると農林水産大臣が判断した場合には、登録番号及び登録の年月日、申請書の内容が登録簿に記載されます（GI 法第 12 条第 2 項）。登録簿への記載をもって、GI 登録されたことになります。

GI 登録されると、申請者に登録された旨の通知（審査要領別記様式 15）がなされるとともに、登録内容について農林水産省ホームページで公示されます（GI 法第 12 条第 3 項）。なお、登録簿は、農林水産省食料産業局知的財産課に備えられ、公衆の縦覧に供されます。

登録の通知を受け取った場合には、登録日から1ヶ月以内に登録免許税（９万円）を納付し、領収証書の原本を納付書（審査要領別記様式 16）により、農林水産省食料産業局知的財産課まで提出してください。領収証書の原本が提出されると、登録者には、特定農林水産物等登録証が交付されます（共同申請や団体の追加登録の場合も、全ての団体に交付されます。）。

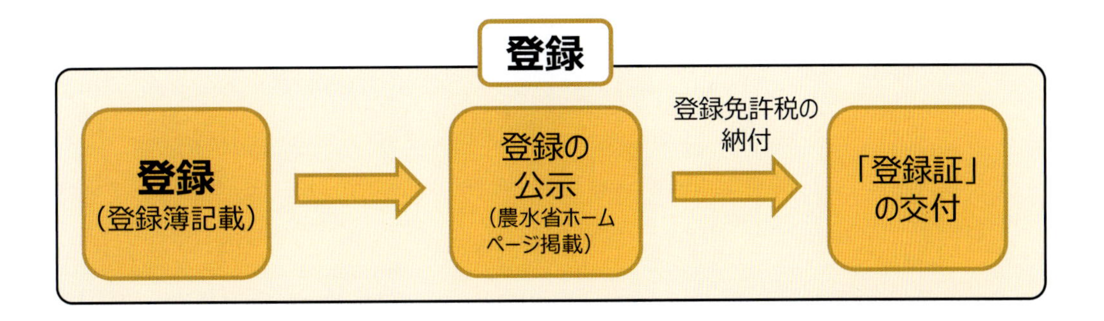

イ　登録の拒否

申請内容が拒否要件に該当すると判断された場合には、申請者に登録を拒否する旨の通知（審査要領別記様式6）がなされます。なお、この登録の拒否は、行政処分ですので、不服がある場合には、行政不服審査法（平成26年法律第68号）に基づく不服申立や行政事件訴訟法（昭和37年法律第139号）に基づく訴訟提起が可能です。

3

申請書及び明細書の作成方法

3　申請書及び明細書の作成方法

3.1　申請書の様式

（１）　申請書の様式は GI 法施行規則等に基づき規定されていますので、この様式に従って申請書を作成してください。定められた様式に従わない申請書については、申請が却下される場合がありますので、注意してください。申請書の様式については、下記の農林水産省のウェブサイトからダウンロードすることができます。

農林水産省　地理的表示保護制度のウェブサイト【登録申請手続】
http://www.maff.go.jp/j/shokusan/gi_act/process/index.html

（２）　申請書の用紙は添付資料も含めＡ４サイズとし、文字が透き通らない白色のものを縦長にして用いて、片面に印刷してください（両面印刷はしないでください）。余白は、少なくとも用紙の上下左右各２センチメートルとるようにしてください。

（３）　申請書は日本語で作成してください。ただし、生産者団体の名称及び住所、代表者（法人でない生産者団体にあっては、その代表者又は管理人）の氏名並びに申請農林水産物等の名称については、外国語を用いて記載することができます。なお、外国語を用いて記載した場合には、その読み方等を確認する場合があります。

3.2 申請書の記載項目

申請書に記載すべき項目は以下のとおりです。項目ごとに記載方法を説明します。

別記様式第一号（第六条関係）

特定農林水産物等の登録の申請

農林水産大臣　殿

年　月　日

特定農林水産物等の名称の保護に関する法律（以下「法」という。）第７条第１項の規定に基づき、次のとおり登録の申請をします。

1 申請者

2 農林水産物等が属する区分

3 農林水産物等の名称

4 農林水産物等の生産地

5 農林水産物等の特性

6 農林水産物等の生産の方法

7 農林水産物等の特性がその生産地に主として帰せられるものであることの理由

8 農林水産物等がその生産地において生産されてきた実績

9 法第13条第１項第４号ロ該当の有無等

10 連絡先

〔添付書類の目録〕

申請書の記載方法について、項目ごとに記載例を交えて解説します。

なお、様式中にある"（説明）"、"（注・・・）"については、申請書作成者への注意点を示すための注記なので、提出時は削除してください。

【申請書に記載する日付】

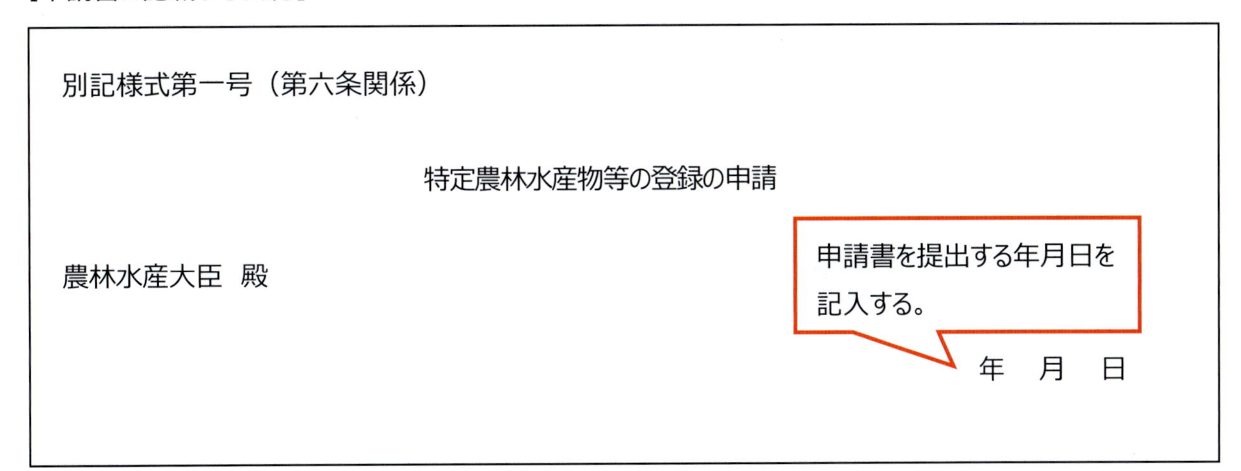
別記様式第一号（第六条関係）

特定農林水産物等の登録の申請

農林水産大臣　殿

年　月　日

★記載ルール

申請書の年月日の欄には、申請書を農林水産大臣に提出する年月日を記入します。

なお、申請にあたっては、受付窓口である農林水産省食料産業局知的財産課に到着した日が申請日となりますので、必ずしも申請書に記入された提出日が「申請日」となるわけではありません（2.1(2)申請書類の提出方法参照）。

【申請書を提出する者】

特定農林水産物等の名称の保護に関する法律（以下「法」という。）第７条第１項の規定に基づき、次のとおり登録の申請をします。

（この申請書を提出する者）
□申請者（１に記載）　□代理人（以下に記載）
住所又は居所（フリガナ）：（〒　　）
氏名又は名称（フリガナ）：　　　　　　　　　　印
法人の場合には代表者氏名：
電話番号：

★ **記載ルール**

申請者の欄は、申請者本人が提出する場合と代理人が提出する場合で記載方法が異なります。
以下に、それぞれの場合の記載例を示します。

〈申請者本人が提出する場合〉

☑申請者（１に記載）　□代理人（以下に記載）
住所又は居所（フリガナ）：（〒　　）
氏名又は名称（フリガナ）：　　　　　　　　　　印
法人の場合には代表者氏名：
電話番号：

申請者本人が提出する場合は、チェック欄以外は空欄とする。氏名、住所等は「１　申請者」に記載する。

〈代理人が提出する場合〉

□申請者（１に記載）　☑代理人（以下に記載）
住所又は居所（フリガナ）：（〒○○○－○○○○）
トウキョウト チ ヨ ダ ク カスミガセキ
東京都千代田区霞が関○丁目○番○号

マルマルホウリツジ ム シ ョ
氏名又は名称（フリガナ）：○○法律事務所

マルマル　マルマル
法人の場合には代表者氏名（フリガナ）：代表　○○　○○　　印

電話番号：０３－○○○○－○○○○

代理人が提出する場合は、氏名、住所等も記載する。

代表者の役職名を記載する。

1　申請者

（１）単独申請又は共同申請の別

□　単独申請　□　共同申請

（２）名称及び住所並びに代表者（又は管理人）の氏名

住所（フリガナ）：（〒○○○－○○○○）

名称（フリガナ）：　　　　　　印

代表者（管理人）の氏名：

ウェブサイトのアドレス：

（３）申請者の法形式：

★　記載ルール

１つの申請団体による単独申請と複数の団体による共同申請では、記載方法が異なります。

〈記載例：単独申請の場合〉

（１）単独申請又は共同申請の別

☑　単独申請　□　共同申請

（２）名称及び住所並びに代表者（又は管理人）の氏名

住所（フリガナ）：（〒○○○－○○○○）東京都千代田区霞が関○丁目○番○号（トウキョウト チ ヨ ダ ク カスミガセキ）

名称（フリガナ）：○○農業協同組合（マルマルノウギョウキョウドウクミアイ）　　印

代表者（管理人）の氏名：　組合長　○○　○○

ウェブサイトのアドレス：http://www.××××××/

（３）申請者の法形式：農業協同組合法に基づき設立された農業協同組合

代表者の役職名を記載する。

申請者の設立根拠となる法律名がわかるように記載する。

〈記載例：共同申請の場合〉

（1）単独申請又は共同申請の別

□ 単独申請 ☑ 共同申請

（2）名称及び住所並びに代表者（又は管理人）の氏名

（申請者①）

住所（フリガナ）：（〒○○○－○○○○）東京都千代田区霞が関（トウキョウト チヨダク カスミガセキ）○丁目○番

名称（フリガナ）：○○農業協同組合（マルマルノウギョウキョウドウクミアイ） 印

代表者（管理人）の氏名：代表理事組合長 ○○ ○○

ウェブサイトのアドレス：http://www.××××××/

（申請者②）

住所（フリガナ）：（〒○○○－△△△△）東京都千代田区霞が関（トウキョウト チヨダク カスミガセキ）△丁目△番△号

名称（フリガナ）：△ △ 生産振興協議会（サンカクサンカク セイサンシンコウキョウギカイ） 印

代表者（管理人）の氏名：会長 △△ △△

ウェブサイトのアドレス：http://www.＊＊＊＊＊＊/

（3）申請者の法形式：

（申請者①）農業協同組合法に基づき設立された農業協同組合

（申請者②）法人でない団体

☆ 解説：申請者の要件について

GI 法では、申請者自身が、GI 産品の品質その他の特性を維持し、名称と GI マークを適切に表示することとなっており、申請者は以下の要件を満たす必要があります。

（1）生産業者を構成員とする団体であること［GI 法第２条第５項］

申請者は生産業者個人や個社ではなく、生産業者を構成員とする団体であることが求められます。生産業者を直接の構成員とする団体に加え、生産者団体を構成員とする団体（生産業者を間接の構成員とする団体）も認められます。生産業者を構成員とする団体であれば、法人格の有無は問いません。

なお、生産業者とは、GI 法上、「生産を業として行う者」と定義されており（GI 法第２条第４項）、産品が“出荷“されるまでの一連の行為のうち、生産（産品の特性を付与・維持するために行われる行為）を業として行う個人・法人で、農家、漁業者、農産加工業者、水産加工業者、食品製造業者等が該当します。構成員となる生産業者が一者のみであっても生産者団体になり得ますが、生産業者自身が申請する場合や生産業者を構成員としない団体は、生産者団体になり得ませんので注意してください。

なお、外国の法人も生産者団体になり得ますが、GI 法第 21 条各号に掲げる場合に該当する場合には、農林水産大臣が当該団体に明細書又は生産行程管理業務規程の変更その他の必要な措置をとるべき旨の請求をしたときは、これに応じることを誓約する書類の提出が求められます（GI 法施行規則第１条第２号及び同規則第７条第３号）。

生産者団体として適当な場合

※生産者団体の構成員には、直接的な構成員に限らず、
間接的な構成員も含む。
（例　○○県農協連合会（生産者団体）－農協－農家）

※生産業者以外の者が生産者団体の構成員となっていても良い。

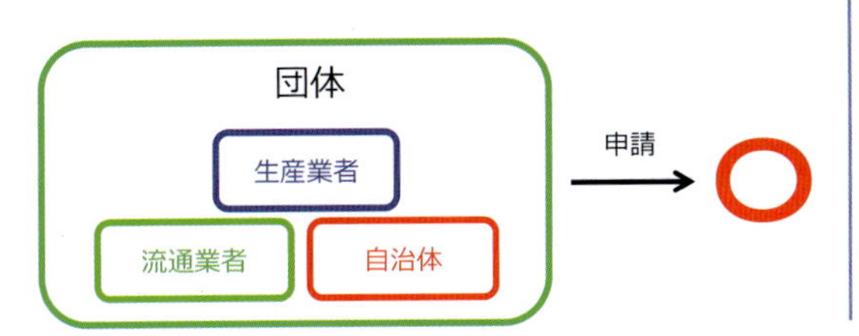

生産者団体として不適な場合

※　生産業者自身が申請する場合

※　団体であっても、生産業者が構成員ではない場合

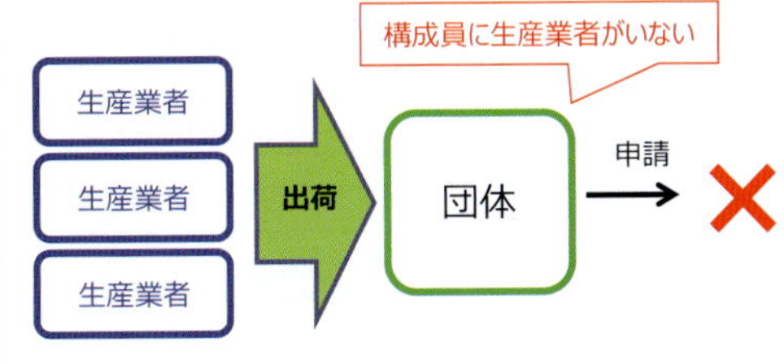

（２）加入の自由が定められていること［GI 法第２条第５項及びＧＩ法施行規則第１条第１号］

GI 登録された産品の名称は、登録された生産者団体が排他独占的に使用できるものではなく、地域共有の財産となります。このため、生産者団体は、定款その他の基本約款において、生産地域内の生産業者が当該団体への加入を希望する場合に「正当な理由がないのに、構成員たる資格を有する者の加入を拒み、又はその加入につき現在の構成員が加入の際に付されたよりも困難な条件を付してはならない。」旨の定めがあることが必要になります。これを「加入の自由」といいます。

農業協同組合や漁業協同組合など、設立根拠法により、加入の自由が義務付けられている場合もありますが、特に法人でない団体にあっては、組織規約等の基本約款において「加入の自由」の定めを設けておくことが必要です。

次の場合は正当な理由があると考えられます。

① 当該団体の設立根拠法において、構成員の除名事由が定められている場合において、加入しようとする者が除名事由に該当する行為を現にしているか、若しくはすることが客観的に明らかであるとき又は除名された者が、除名事由を解消することなく、除名後直ちに加入しようとするとき

② 加入しようとする者が当該団体の業務を不当に妨害していた場合

③ 当該団体の総会日の相当の期間前から総会が終了するまでの間に加入しようとする場合

④ 特定農林水産物等の特性を付与又は保持するために必要十分と認められる範囲内で生産者団体の加入資格に制限を設ける場合

次の場合は正当な理由がないと考えられます。

① 不当に多額の加入手数料を支払わせる場合

② 単に事業能力の有無、身分関係、性別等を考慮する場合

③ 団体が提供する役務等の専属利用契約を締結させる場合

④ 法律又は定款に定める出資義務を超える口数の出資を引き受けさせる場合

⑤ 特定農林水産物等の特性を付与又は保持するために必要十分な範囲を超えて生産者団体の加入資格に制限を設ける場合（例：特性を付与又は維持するのとは無関係な特定の資格・施設設備等を有している者であることを加入資格としている場合）

（３）欠格事由に該当しないこと［GI 法第 13 条第１項］

生産者団体自体が、GI 法の規定による取消処分を受けた後２年を経過していない等、欠格事由に該当しないことを明らかにする申告書の提出が求められます。欠格事由に該当する場合は、GI 登録は拒否されます。

［GI 法第 13 条第１項］

農林水産大臣は、次に掲げる場合には、登録を拒否しなければならない。

生産者団体について次のいずれかに該当するとき。

イ　第二十二条第一項の規定により登録を取り消され、その取消しの日から二年を経過しないとき。

ロ　その役員（法人でない生産者団体の代表者又は管理人を含む。（２）において同じ。）のうちに、次のいずれかに該当する者があるとき。

（１）この法律の規定により刑に処せられ、その執行を終わり、又は執行を受けることがなくなった日から二年を経過しない者

（２）第二十二条第一項の規定により登録を取り消された生産者団体において、その取消しの日前三十日以内にその役員であった者であって、その取消しの日から二年を経過しない者

2 農林水産物等が属する区分

区分名：第３類 果実類

区分に属する農林水産物等：りんご

★ 記載ルール

（１） GI 産品の名称の使用規制は、区分告示に示されている産品の区分に属する農林水産物等及び、それらを原料・材料として加工・製造された農林水産物等の範囲にしか及びません。例えば、「○○りんご」を「第三類 果実類」の区分で申請し GI 登録された場合、「○○りんご」という名称の使用が制限されるのは、表の下欄に記載のある品目と、下欄の品目を原料・材料として加工・製造された農林水産物等になります（ただし、真正の「○○りんご」を原料・材料として加工・製造された農林水産物等を除く）。申請産品がどの区分に属するのかを、産品の形態とともにしっかりと確認してください。

（区分告示から抜粋）

第三類 果実類
一 かんきつ類 うんしゅうみかん、中晩かん、グレープフルーツ、オレンジ、ゆず、その他かんきつ類 二 仁果類 **りんご**、なし、かき、びわ、その他仁果類 三 核果類 もも、すもも、おうとう、うめ、その他核果類 四 しょう果類 ぶどう、いちじく、すぐり類、その他しょう果類 五 堅果類 くり、くるみ、ぎんなん、アーモンド、その他堅果類 六 熱帯性及び亜熱帯性果実 パインアップル、バナナ、マンゴー、アボカド、その他熱帯性及び亜熱帯性果実 七 第一号から前号までに掲げるもの以外の果実 キウイフルーツ、その他第一号から前号までに掲げるもの以外の果実

（２）　なお、申請する農林水産物等の具体的名称が「区分に属する農林水産物等」の欄に記載されていない場合は、当該欄に規定された「その他○○類（申請産品が該当する農林水産物等の名称）」又は「第１号から前号に掲げるもの以外の○○（申請産品が該当する農林水産物等の名称）」のように記載します。

<記載例>

区分名：第３類 果実類

区分に属する農林水産物等：その他かんきつ類（辺塚だいだい）

（３）　１つの農林水産物等の区分につき１つの申請である必要がありますが、①同一の名称であって、②一貫した特性を有していることから需要者において一体の農林水産物等として認知されており、かつ、③区分ごとの申請が同一の申請者により行われる場合には、複数区分での申請が可能です（区分毎の申請が同一の申請者により行われる場合に限る。）（Q＆A（２）申請区分参照）。

<記載例>

（１）区分名：第２類　野菜類

　　　区分に属する農林水産物等：アスパラガス

（２）区分名：第 17 類　野菜加工品類

　　　区分に属する農林水産物等：アスパラガス缶及び瓶詰

3　農林水産物等の名称

名称（フリガナ）：○○りんご（マルマル）

フリガナを漢字の上部に振りづらい場合、「○○りんご（マルマルリンゴ）」のように記載することもできます。一つの表記について、複数の読み方が存在し、いずれも使用されている場合は、全てのフリガナを記載します。（「○○」、「○☆」は地名等）

名称（フリガナ）：○○柿（マルマルカキ、マルマルガキ）
　　　　　　　　　○☆みかん（マルホシミカン、マルボシミカン）

★　記載ルール

（1）　申請名称を、ひらがな・カタカナ・漢字（当該名称を表すものとして一般的に使用されているものに限る）・ローマ字に変更したものは、社会通念上、申請名称と同一と認められますので、それらの名称を併せて申請する必要はありません。ローマ字変換は訓令式・ヘボン式いずれかに従ったものであれば、社会通念上同一であると認められます（下記の記載例において、「○○リンゴ」、「○○林檎」、「Marumaru Ringo」は記載する必要がありません。）。

ただし、国外への輸出時に使用するためのローマ字又は外国語を用いた翻訳名称がある場合は、記載する必要があります（「Marumaru Apple」は記載する必要があります。）。

〈記載例〉

名称（フリガナ）：○○りんご（マルマル）、Marumaru Apple

（2）　同一の農林水産物等を指称する名称として需要者に認知されている名称が複数ある場合（単に使用実績があるというだけでは足りず、需要者に認知されていると認められる程度の使用実績が必要です。）。

〈記載例〉

名称（フリガナ）：○○牛（マルマルギュウ）、○○ビーフ（マルマル）

☆ **解説：産品の名称について**

地理的表示（＝産品の名称の表示）について、その定義を改めて確認します。

定義：地理的表示とは、農林水産物・食品等の名称で、その名称から当該産品の産地を特定でき、
　　産品の品質等の確立した特性が当該産地と結び付いているということを特定できる名称の表示をいう。

地理的表示の定義に基づき、名称に係る登録要件として以下のものが考えられます。
（GI 法第２条第３項カッコ書き及び第 13 条第１項第４号）

（１）名称から申請産品が特定できること

GI 産品として登録されるためには、産品の名称から、生産地及び当該生産地と結び付いた産品の特性を特定できること、つまり、名称から申請産品であることが特定できることが要件となります。

まず、産品の生産地について、「夕張メロン」や「前沢牛」のように地名を含む名称が一般的ですが、長野県木曽地方の伝統的な漬け物である「すんき」のように、全国でも当該地域でしか生産されていない産品であれば、産品の名称に地名を含んでいなくても、名称から生産地を特定することができます[11]。

なお、名称で明示されている地域と登録された生産地が一致する必要はありませんが、おおよその生産地の範囲を特定できる必要があります（例：神戸ビーフ（生産地：兵庫県））。

名称から申請産品が特定できない場合として、具体的には以下のケースが考えられます。

ア　申請団体に属する生産業者が類似名称等を使用している場合

①　特性を満たす産品を類似名称で販売している場合

例えば、申請団体に属する生産業者自らが、申請名称である「○○りんご」（○○は地名）の他に、「○○特選りんご」、「○○名産りんご」、「○○のりんご」など、複数の類似名称を使用している場合、需要者は、どの名称のりんごが申請産品なのかを特定することができません。このため、GI 制度への申請にあたっては、可能な限り、名称を統一する必要があります。

11　地名を含まない名称である場合、もしくは、地名を含んでいたとしても周知性のある地名でない場合などは、需要者が名称から生産地を特定できることを説明する必要があります（販売実績（量、範囲等）や報道実績など。必要に応じて、名称の由来についても併せて説明してください。）。

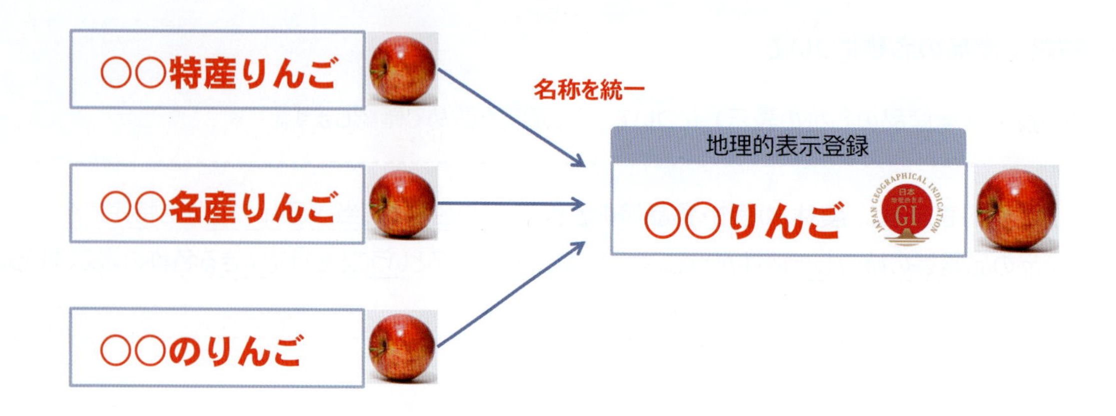

② 特性を満たさない産品を同一又は類似の名称で販売している場合

例えば、肉質等級４等級以上の和牛を「東京牛」という名称で申請した場合を考えてみましょう。

GI 申請産品である「東京牛」を販売すると同時に、４等級未満の和牛を「東京和牛」という名称で販売している場合、申請産品と類似した名称の産品が市場に存在することになり、需要者から見て、申請産品と類似産品の識別が難しいため、「東京牛」はGI登録できません。なお、このような類似名称の産品が存在する場合であっても、申請産品（東京牛）に概ね 25 年の生産実績があり、当該類似名称（東京和牛）の使用をやめることができれば、GI 登録が可能です。

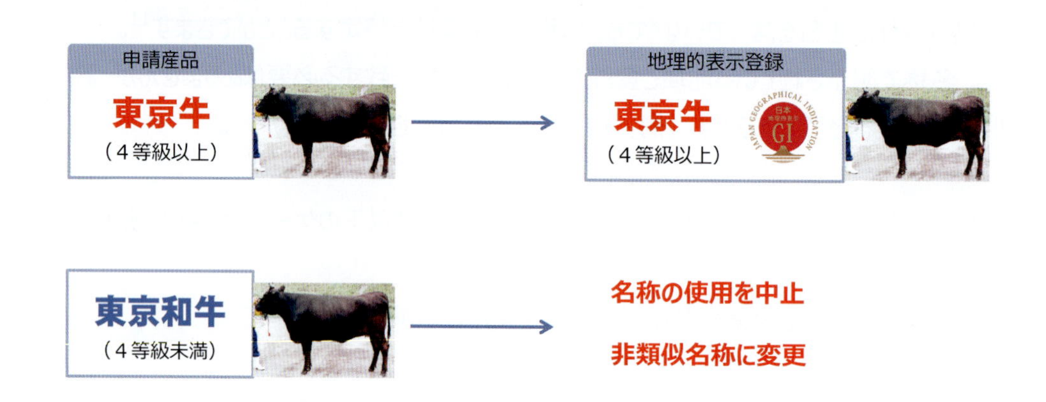

実際に申請段階で問題になった事例としては、明細書に記載された品質基準を満たしていない産品を、GI 申請産品と同一名称で出荷・販売していたというものがあります。この場合、申請名称から申請産品の特性（品質）を特定することができないため、登録が拒否されます。

さらには、生産者団体の構成員である一部の生産業者が、産品の明細書の基準を満たすものをGI産品として出荷するとしつつ、別途、当該名称を含む図形商標を登録し、基準を満たさないものには当該商標を付して出荷することを企てた悪質な事例もあります。この場合、生産者団体として定めたルールである生産行程管理業務規程に団体の構成員である生産業者が従わないこととなるため、生産業者を除名する等の対応を行わない限り登録は認められないこととなります。

なお、登録後に、生産者団体の構成員である生産業者が明細書の基準を満たさないものに同一又は類似の名称を使用した場合、生産者団体自らが遵守すべき「生産行程管理業務規程」に違反していることから、措置命令の対象となり、従わない場合は、登録の取消の対象となります。

イ　申請団体に属さない生産業者が同一又は類似名称を使用している場合

申請団体に属さない生産業者が同一又は類似名称を使用している場合、例外的に使用が許容される場合がありますが、その生産量や販売範囲等によっては、需要者が産品の名称から申請団体が生産する産品を判別することが困難であり、結果として名称から申請産品を特定できない状況だと判断され、申請産品の登録が認められない可能性があります。

ウ　申請団体の生産地以外の地域で同一又は類似名称の産品が販売されている場合

申請団体の生産地以外の地域で同一又は類似名称の産品が生産・販売されている場合についても、需要者が産品の名称から、申請団体の生産地で生産されたものであること及び申請団体が生産した産品であることを判別することが困難であり、名称から申請産品を特定できないと判断される可能性があります。

エ　名称の使用実績がない場合

申請名称は、申請産品の名称として使用されてきたことが求められます。申請のために考案された新名称など、使用実績がない名称は、たとえ産地が特定できたとしても、地域との結び付きができておらず、需要者がその名称から産品の特性を特定できないため、登録できません。ただし、後述の「確立した特性」の要件と異なり、名称については概ね 25 年の使用実績は求められていません（実際に当該名称を付して流通・販売等されていることを裏付ける資料（写真等）の提出は必要です）。

（2）同一名称又は類似名称を有する産品が GI 登録されていないこと

申請産品と同一名称又は類似名称を有する産品が既にGI登録されている場合は、申請産品を登録することができません。ただし、申請産品の特性が、先に登録された産品の特性と明らかに異なり、商取引上も明確に区分されるなどの客観的な事実があり、需要者等が両者を区別することが可能であれば、審査要領別添３名称審査基準第２の２の要件に従い、登録できる場合もあります。

<審査要領別添 3　名称審査基準第 2>

2　既に登録を受けている特定農林水産物等の名称と同一の名称の取扱い

申請農林水産物等の名称が既に登録を受けている特定農林水産物等の名称と同一の名称の場合、当該申請農林水産物等の名称が、当該申請農林水産物等について法第２条第２項各号に掲げる事項を特定できる名称であれば、登録できるものとする。

ただし、この場合においては、当該申請農林水産物等の名称の使用実績を裏付ける資料等を参考にして、慎重に判断を行わなければならない。

<GI 法第２条第２項>

2　この法律において「特定農林水産物等」とは、次の各号のいずれにも該当する農林水産物等をいう。

一　特定の場所、地域又は国を生産地とするものであること。

二　品質、社会的評価その他の確立した特性が前号の生産地に主として帰せられるものであること。

（３）普通名称でないこと

申請産品の名称が普通名称である場合は登録することができません。具体的には、過去に特定の地域で使われていても、広範に生産されるようになり、特定の地域との結び付きを特定できない場合（高野豆腐など）や、Codex などの規格として用いられる名称であり、一定の要件を満たせば地域に関係なくその名称を使える場合などは、普通名称となり得ます。なお、 農林水産物等の生産地の範囲に争いがある名称であっても、当該生産地に地理的限定があることが明らかな場合は、普通名称に含まれないと判断されます。

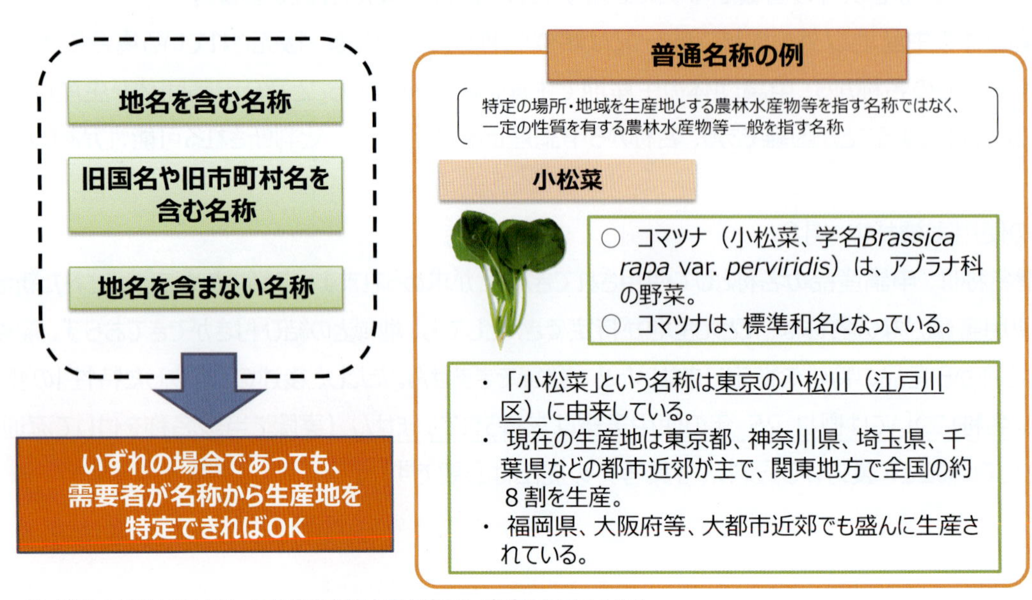

※ 登録の対象となるかは、具体的な申請内容を踏まえ、審査されることとなる。

（４）品種名と同一の名称ではないこと

品種の名称が広く農林水産物等の名称として使用されている場合も、特定の地域との結び付きを説明できないので登録できません。しかし、品種や系統の名称であっても、その名称が既に特定の地域で定着している農林水産物等の名称に由来するものであり、当該地域でのみ生産され地域外に広まっていない場合は登録の可能性があります。

（５）申請産品の名称と同一又は類似の商標が登録されていないこと

申請産品の名称と同一又は類似の商標が登録されている場合、商標権者（当該商標の専用使用権者を含む）から GI 登録をすることについての承諾を得る必要があります。なお、審査中の出願商標がある場合には、当該出願商標の登録の可否が明らかになるまで、承諾の必要性について審査を留保し、その他の審査手続及び公示手続を進めるものとします。

4　農林水産物等の生産地

生産地の範囲：○○県△△市及び○○県□□市××町

★　記載ルール

（1）　申請書等に記載する際は、生産地の範囲が明確になるように可能な限り現在の行政区画名を用いて定めます。過去の行政区画名を用いることも可能ですが、いつ時点の行政区画名であるかがわかるように記載します。

〈旧行政区画を生産地とする場合〉

平成○○年○月○日における行政区画名としての○○県□□市

（2）　「○○市の一部」や「〇〇市及びその周辺」といった指定をする場合等、その記載内容から生産地が明確に特定できないと認められる場合には、生産地の範囲を明確にするため、位置関係を示す地図等を添付します。

〈申請農林水産物等の水揚げ地を生産地とする場合〉

○○県△△市□□港

〈申請農林水産物等の漁獲水域を生産地とする場合〉

○○県△△市○○沖（位置関係は別紙のとおり）

位置関係を示す図面を添付してください。

（3）　生産地の記載は、添付した地図で示している範囲との対応関係が客観的にわかるように、可能な限り具体的に記載されている必要があります。例えば、「○○県○○市の一部」でしか生産されない農林水産物等の場合に、「○○県の一部」とのみ記載するのは適当ではありません。

（4）　記載される生産地は、「農林水産物等の特性を付与し、又は、農林水産物等の特性を保持するための行為が行われる」地域である必要があります。

（5）　名称に含まれている地名と生産地は、必ずしも一致していなくても構いません。例えば、○○県△△市××町という地名がある場合に、「××トマト」と町名を冠した名称の農林水産物等が、△△市全体で生産されており、△△市で生産されることで特性が付与される場合等が想定されます。

☆ **解説：生産地の範囲について**

（１）GI 法における「生産」とは、農林水産物等に特性を付与又は保持するために行われる行為のことであり、産品の特性を生み出すことのできる自然条件や人的条件を備えた地域が「生産地」となります。加工品の場合には、産品の特性がどの段階で特性が付与又は保持されるのか（加工方法だけによるものなのか、原材料の特性も関係するのか）によって、生産地の範囲が変わることになります。

（２）生産地の範囲が、特性を付与又は保持するために必要十分な範囲となっておらず、過大や過小である場合には、適正な生産地の範囲とは認められません。審査要領別添４「農林水産物等審査基準」では、「生産地の範囲の審査に当たっては、申請農林水産物等の生産が行われている範囲、特性に結び付く自然的条件を有する地域の範囲、申請農林水産物等の生産業者の所在地の範囲等を総合的に考慮する」とされています。単に申請する生産者団体の管轄区域等を基準に生産地を指定しても必要十分ではない場合もあり得ます。

（３）地理的表示は地域の共有財産であり、個々人に独占的・排他的な財産権を付与するものではないため、生産地域内の生産業者は、登録を受けた生産者団体に加入することが可能です。また、新たに生産者団体を立ち上げて、団体の追加申請をし、審査を通過して登録団体になれば GI 名称を使用できます。

5　農林水産物等の特性

・「○○りんご」は、他の産地の一般的なリンゴと比べて、小さなリンゴ（「○○りんご」の重量は××から××グラム、直径は××センチメートル以下）であり、・・・。

・「○○漬」は、他の産地の一般的な漬物の形状とは異なって、独特な×××××といった形をしており、・・・。

★　**記載ルール**

（１）　特性は客観的なものであることが必要です。単に申請者自身が考える特性（主観的なもの）ではなく、科学的データや書籍等の文献、第三者からの評価等に基づくことが必要です。申請の際には、特性として記載する事項に関し、差別化された品質等の特徴の裏付けとなる根拠資料を提出してもらうことになります。根拠資料は出来る限り具体的なものであることが望ましいと考えます。主観的や抽象的な表現による特性の記載だけでは、特性を説明したことにはなりません。

〈不適切な記載例〉

・「○○りんご」はとても美しく、すばらしいリンゴである。

・「○○みかん」は、非常においしいみかんである。

・「○○牛」は、全国的に有名である。

（２）　生産の方法（その特性を付与・保持するために必要な栽培方法等）や生産実績（栽培に関する歴史や生産量等）等については、基本的に産品の特性の説明とはなりません。これらは、別途、記載する箇所がありますので、特性欄には記載する必要はありません。

（３）　品質や社会的評価の客観的な裏付けとして、第三者からの評価を示すことは有効な手段です。この場合、当該産品に関する専門知識を有している者からの評価であるなど、他産品と比べた産品の特徴等を客観的に評価してあると考えられるものであることが必要です。客観的な評価といえない一個人（レストランのシェフ等）の評価や生産地の地元での評価等のみでは十分でないと判断されます。不特定多数の産地の産品を取り扱う中央卸売市場等による公平な立場での評価や差別化された品質等の特徴が記載された学術論文、文献等の記載等は第三者からの評価の根拠となり得ます。

（４）　社会的評価として、どのような点が評価されているのかを明記した上で、その外形的表れである同種他産品との市場取引価格の差を記載することも有効です。（３）と同様の趣旨で、他産品との差異を公正に判断できる場における取引価格である必要がありますので、可能な限り、中央卸売市場等における価格差について記載するのが適切です（根拠となるデータの提出も求められます）。ただし、単純に価格が高いという数字だけを記述するのでは不十分であり、市場関係者などが当該産品のどのような点を高く評価し（例：品質、通年供給、品質のバラツキの有無など。この高く評価されている部分が特性に当たります。）、高い価格で取引されるという説明が必要です。なお、名称を商標登録していることやテレビ番組等での産品紹介は、名称から産品を特定できるとする根拠にはなりますが、社会的評価そのものではありません。

（５）　全国的に同種の産品を生産しているため、他産地の産品との品質面の差異を明確に説明することが難しい場合は、特性を「社会的評価」のみで説明することも可能と考えられます。ただし、この場合も、単に価格差や受賞歴だけではなく、評価を受けるに至った産品の優良な品質や歴史的・文化的背景などの根拠を併せて説明することが求められます。

（６）　社会通念上、当然そうあるべきである、そうなるようにすべきであると考えられる事項（例：「安全・安心な産品である」、「農薬使用基準を遵守して生産している」といった記載）は、同種の他の産品と比較して差別化された特徴であるとは認められません。

＜その他の記載例＞

〈化学的特性を記載する場合〉

・「○○りんご」は、他の産地の一般的なリンゴと比べて、糖度は約××度高く（「○○りんご」の糖度は××度）、・・・。

・「○○牛」は、他の産地の一般的な牛肉と比べて、うまみの成分となるイノシン酸（「○○牛」のイノシン酸含有量は×××）を多く含み、・・・。

・「○○味噌」は、他の産地の一般的な味噌と比べて、各種アミノ酸（必須アミノ酸である××等を含んでいる。）を多く含み（「○○味噌」のアミノ酸含有量は××）、・・・。

〈化学的な特性と官能的な特性を合わせて記載する場合〉

「○○みかん」は、他の産地の一般的なミカンと比べて、糖度は約２～３度高く（「○○みかん」の糖度は××度以上）、酸味は少ない（「○○みかん」の酸度（クエン酸）は××％以下）、甘みと香りが強く、食味の良いミカンである。

〈社会的評価を記載する場合〉

「○○りんご」は、その大きさや食味の良さ、見た目の美しさなどが市場において高く評価されており、中央卸売市場で取り扱われる同種の産品と比べ、２～３割高値で取引されている。

☆ 解説：産品の特性について

GI 制度における「特性」とは、「品質、社会的評価など他の同種の産品と比較して差別化できる特徴」です。申請にあたっては、産品の特性を明確に定義し、具体的かつ客観的に文章で表現することが求められます。抽象的表現（「おいしい」、「すばらしい」、「美しい」）だけではなく、科学的データや書籍等の文献、市場関係者の評価等に基づいた説明が必要です。

地理的表示に登録される産品とは、その名称で差別化され、流通されてきた産品ですので、必ずこうした特性を持つと考えられます。しかしながら、これまでの審査において、生産業者が自らの生産している産品の特性を十分に認識していない場合が多く見られます。例えば、その地域では当たり前に存在する産品であることから、何ら特性がないと思い込んだり、同一産品の中でも特別に選りすぐられた優品でなければ特性がないと思い込んでしまったりする場合があります。生産地の自然条件や栽培方法、収穫方法などにより、色や大きさ、見た目の美しさなどの外観や、糖度・酸度、食味等が他産地のものと異なることを客観的に説明できる場合は、差別化された特徴を持つといえます。

品質面で注意すべきなのは、上位品質のものに限る必要はないことです。よくある誤解として、ある産品が「秀」、「優」、「良」がある場合、「秀」や「優」しか地理的表示を名乗れないと思われるケースが多いのですが、特性は出荷基準とは別であり、「規格外」まで含めることも可能です。

<注意点>

GI 制度においては、産品が既にその名称である程度認識されていることが前提であるため、産品の申請に当たって、その名称が使用されている上位品質のもののみに絞り込むことは本旨ではありません（登録が認められない場合もあります。）。

その上で、あえて上位品質のものだけに絞りこんで申請する場合、地理的表示に登録された後は、基準に満たない品質のものに GI 登録名称と同一又は類似の名称を名乗れなくなり、「〇〇りんごジュース」等の加工品についても、上位品質のものを原料としたもの以外は名称を使うことができなくなりますので注意が必要です（このような事態を避けるため、例えば、生果としての「〇〇りんご」の品質基準だけでなく、加工品原材料用の基準をあわせて申請書に記載することにより、加工品についても「〇〇りんごジュース」など当該産品の名称を使用することが可能です。）。

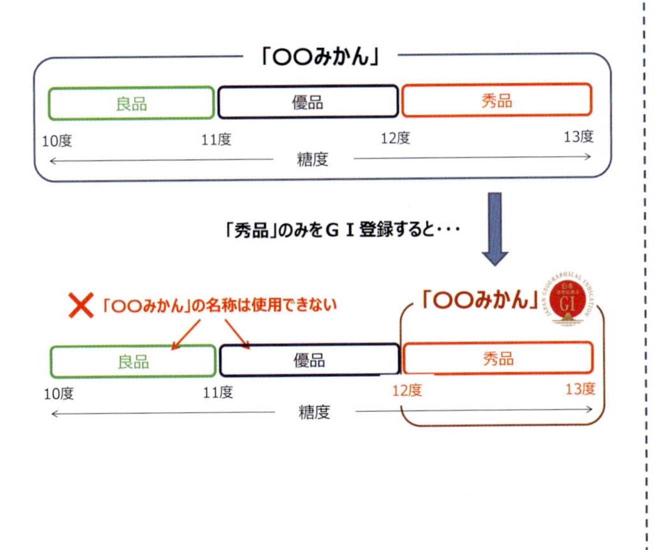

社会的評価を特性とする場合、中央卸売市場等における同種他産品との市場取引価格の差や、全国的な品評会等における受賞歴などを用いることが考えられますが、その場合には、何が評価され価格差や受賞歴につながったのかといった、評価を受けるに至った産品の優良な品質や歴史的・文化的な根拠をあわせて説明することが求められます。

参考：黒毛和種の牛肉の社会的評価についての基準（審査要領別添４別紙１）

社会的評価に基づく黒毛和牛のＧＩ登録基準

○ 以下の１～３までの全ての要件を満たす場合、社会的評価を特性としてGI登録が可能。

１．産地銘柄として評価されていること

①または②にあてはまる場合、社会的評価があると判断。

① 戦前からの伝統的な牛肉の産地として歴史的・文化的な評価がある。
② 全国的な枝肉共進会などで、複数回の受賞歴がある。
（個社・個人ではなく、地域・団体として取り組んだ結果である必要）

２．地域・団体としての取組であること

飼養管理や生産技術向上などに、個社・個人ではなく、地域・団体として取り組んでいること。

３．継続的な取組であること

上記２の取組が継続的に行われていること。

※ 基準の詳細については、審査要領別添４ 農林水産物等審査基準 別紙１「黒毛和種の牛肉の社会的評価についての基準」として公表

6　農林水産物等の生産の方法

〈記載例：果樹〉

「○○みかん」の生産の方法は、以下のとおりである。

（1）品種

品種「A」を用いる。

（2）栽培の方法

生産地（○○市）内において、屋根かけハウスにおいて栽培する。

収穫前に水切りを行う。

（3）出荷規格

糖度○○度以上。

（4）最終製品としての形態

「○○みかん」の最終製品としての形態は、青果（ミカン）である。

〈記載例：牛肉〉

「△△牛」の生産の方法は、以下のとおりである。

（1）品種

黒毛和種であり、全国和牛登録協会発行の子牛登記証明書またはこれに準ずる証明書を有するもの。

（2）生産地における飼養期間及び最終飼養地

生産地（○○県△△市）における飼養期間が最長かつ最終飼養地であること。

（3）飼養管理

△△牛飼養管理基準（※別紙を添付）に基づく飼養管理を行う。

（4）枝肉基準

公益社団法人日本食肉格付協会の定める肉質等級が「4」以上で、歩留等級が「A」であるもの。

（5）最終製品としての形態

△△牛の最終製品としての形態は、牛肉である。

〈記載例：水産物〉

「□□鯛」の生産の方法は、以下のとおりである。

（１）漁獲対象種

真鯛とする。

（２）漁獲方法

一本釣り漁法とする。

（３）鮮度保持法

釣り上げた魚は、直ちに活け締めし、氷詰めする。

（４）水揚港

○○県△△市□□港とする。

（５）最終製品としての形態

「□□鯛」の最終製品としての形態は、鮮魚（真鯛）である。

〈記載例：加工品〉

「◇◇味噌」の生産の方法は、以下のとおりである。

（１）原料

原料は、大豆、米及び食塩である。

（２）原料の配合割合

麹の割合は××割から～○○割とする。

原料の配合割合は、大豆１に対し、概ね米○、食塩△、水□とする。

（３）原料の処理

ア 大豆　浸漬け後、煮熟する。

イ 米　　米処理として、洗浄、浸漬け後、蒸煮を行い、米麹を作る。

（４）仕込み

煮た大豆、米麹、食塩及び水を混ぜ、仕込みを行う。

（５）発酵・熟成

発酵・熟成期間は、××か月から××か月とする。

（６）最終製品としての形態

「◇◇味噌」の最終製品としての形態は、味噌（加工品）である。

★ 記載ルール

（1） 特性の付与・保持に関係する行程を記載すること

申請書には、産品の特性の付与・保持に必要な行程だけを記載するようにしてください。実際には出荷規格を設けて選別をしていたとしても、当該行為が特性の付与・保持に関係していない場合は、GI 制度における生産の方法には該当しません。また、出荷規格の一部のみが特性の付与・保持に関係している場合には、当該部分のみを記載すればよく、出荷規格の全てを記載する必要はございません。なお、申請団体の構成員のうち、一部の生産業者のみが行っているような内容とならないよう注意してください。

（2） 商品名等を記載しないこと

生産に用いる肥料や資材等について、個別のメーカー名や商品名（商標名）を記載するのではなく、一般的な名称を記載してください。個別メーカーの商品が特性の付与・保持に関係しているのであれば記載することは可能ですが、そうでない場合、独占禁止法に抵触する恐れがあります。なお、当該商品の販売が停止され、代替可能な商品がない場合には、産品の特性が失われることとなり、登録は取り消されます。

（3） 特定の企業、団体、個人の施設等を記載しないこと

特性の付与・保持をするためには、他に代替手段が想定できず、かつ、生産者団体が追加されることになった場合に当該団体も使用できることが保証されている場合等を除き、特定の企業、団体や個人の施設の使用等を生産の方法として記載することは認められません。このような特定の企業、団体や個人の施設の使用等と結び付いている特性は、そもそも生産地と結び付いた特性とは認められない場合があります。

（4） 具体的な規格・基準であること

「生産者団体が定める出荷規格」等の記載は認められません。記載できるのは、地域の共有財産としての当該産品の具体的な規格・基準であるべきであり、団体が定める出荷規格という抽象的な記載は適当ではありません。ただし、各生産者団体の明細書において、申請書記載の生産方法より高い基準を定めることは可能です。また、自治体等が定めた規格など、共有の規格と考えられるものを申請書に規格・基準として記載することは可能です。

（5） 事後的・客観的に確認可能な内容であること

生産業者が実施したか否かが事後的・客観的に確認できないような表現は、可能な限り避けてください。例えば、「細心の注意を払って収穫する」等の表現は、生産業者の主観に左右され、生産者団体が事後的に確認するのは困難です。そのような場合は、何のために「細心の注意を払う」必要があったのかを考え、例えば、葉の欠損について基準があるような産品の場合、「葉が折れないように収穫する」等の具体的な表現に変更できないかを検討してください。

☆ 解説：生産方法について

GI 制度において「生産」とは、農林水産物等が出荷されるまでに行われる一連の行為のうち、農林水産物等に特性を付与又は保持するために行われる行為をいうと定義されています（GI 法第 2 条第 4 項）。このため、特性に直接関係しない行為は、申請書に記載する必要はありません。例えば、栽培方法によって産品に「特性」が付与されるのであれば、選果基準や出荷方法について記載する必要はありませんし、栽培方法についても、施肥や潅水、防除防虫などが一般的な方法であれば記載する必要はありません。

生産行為

GI制度における
生産行為(例)

品種
栽培方法
収穫方法
選果（品質、サイズ）
貯蔵方法
加工方法　等

※特性に関係する行為のみでよい

その他の行為（例）
（特性に関係しない行為）

・一般的に同種の産品でも行われる行為（施肥、灌水、防除防虫、予冷、給餌、予防接種、と畜等）

・商品として出荷するために必要な行為（包装、箱詰、食品表示等）

※上記行為が産品の特性に影響するのであれば、記載する必要があります。

なお、申請書に書いた内容は一般に公開されますので、営業秘密や公開したくないノウハウが含まれる場合は、例えば、「独自の方法で交配」する等の内容を具体的に示さない方法をとるなど、その取扱を慎重に検討するようにしてください。

＜注意点＞生産者団体や地域で管理している秘密のノウハウの扱いについて

GI 産品の特性が、例えば、授粉の方法、餌の調合など独自のノウハウに由来する場合も多く見られます。この場合、申請書で秘密情報を詳細に記述すれば、地域のノウハウが流出することになりかねません。この場合は、秘密情報として管理する部分については抽象的に書くなど、ノウハウの管理に留意した記述にすることがお勧めです。ただし、この場合であっても、新規に団体に加入した者などには、そのノウハウを共有する必要があることに留意してください。

7　農林水産物等の特性がその生産地に主として帰せられるものであることの理由

〈記載例〉

〈果樹の場合〉

・「○○○○」の生産地である☆☆市は、△△山と□□山に囲まれた山間地にあり、日中と夜間には大きな気温差がある（別紙（略）のとおり）。また、その土壌は、火山灰土壌となっており、水はけがよい。・・・・これらの自然的条件を備えた生産地（☆☆市）において「○○○○」を栽培することにより、「○○○○」の他の産地の一般的な××と比べて、糖度が高い、酸味が少ないといった特性が生まれる。

・「○○みかん」で用いられる品種「Ａ」は、生産地である○○市の在来品種であり、約×××年前から栽培が開始され、約××年前に「Ａ」と名づけられた。「○○みかん」の甘みと香りが強いという特性は、品種「Ａ」によるところが大きい。

〈牛肉の場合〉

「△△牛」の生産の方法である肥育方法と枝肉基準は、申請者が立ち上げた「××牛協議会」（構成員は「△△牛」の生産業者や流通事業者等）において、昭和××年に決定され、以後、その基準を満たしたものだけを「△△牛」として流通販売させていた。

この肥育方法と枝肉基準に基づき、産地が一丸となって飼養管理、品質保持の取組を継続してきた結果、「△△牛」は、全国〇〇枝肉共進会において昭和〇〇年から現在までに通算〇度の農林水産大臣賞を受賞し、銘柄牛肉として全国的な知名度を獲得したのである。

〈水産物の場合〉

「□□鯛」の漁場となる○○県△△市□□沖は、□□とその対岸にある△□島の間にある海峡で□□港からわずか〇km 沖の距離にある。また、岩盤質の海底によりホンダワラなどの豊かな藻場が大規模に形成されている。潮通しの良い海峡であることと鯛類の生息に適した藻場が形成されていることにより、古くから大型の真鯛が数多く釣れる全国でも指折りの漁場となっている。また、漁場から漁港までの距離が近いため、釣り上げてから直ぐに漁港に持ち込むことが可能である。さらに漁業者は鮮度の良さを競い、釣り上げて直ぐに活け締めし、氷詰めを行う鮮度管理を徹底してきた。「□□鯛」の特性である型の良さや鮮度の良さ、そして身の締まりは、真鯛の漁場として優れた□□沖の自然環境と、□□漁港からの漁場の近さといった地理的条件、そして漁業者の徹底した鮮度管理により生まれるものである。

〈加工品の場合〉

「◇◇味噌」は、１×××年（□□時代）、当時の△△藩（現在の○○県）で、その生産が開始された。当時の「◇◇味噌」の製法は、他の藩の味噌とは異なり、原料配合割合が××××、発酵・熟成期間が××か月であった。「◇◇味噌」の生産の方法のうち、原料配合割合及び発酵・熟成期間は、「◇◇味噌」発祥当時のものと同じであり、これらの生産の方法を用いることで「◇◇味噌」の豊富な栄養素を生産する酵母が多く含まれる等の特性が生まれる。

★　記載ルール

（１）　「５　農林水産物等の特性」に記載した産品の特性と生産地がどのように結びついているのかを記載してください。生産地との結びつきであり、個人や特定の団体との結びつきではないことに注意が必要です。

（２）　産品と特性の結びつきは、気候や土壌等の自然的要素のみならず、地域の伝統的な製法を使用していること等の人為的要素も考えられます。生産地の自然的要素が産品の特性にどのように影響するのか、また、人為的要素としては、「６　農林水産物等の生産の方法」に記載した生産方法が、生産地においてどのように育まれてきたのか等について記載してください。

☆　解説：産品の特性と生産地の結び付きについて

地理的表示に登録されるためには、その地域で生産するからこそ産品の特性が付与・維持されるという、特性と地域の結び付きが必要になります。

例えば、北アルプスの豪雪地帯で、マイナス 20℃以下にもなる厳しい冬の寒さを利用して干し上げることで独特の品質に仕上がる「奥飛騨山之村寒干し大根」のように、地域の気候や土壌などの自然条件によって特性が獲得される産品が考えられます。また、生産地との結び付きは、気候や土壌等の自然的要素のみならず、地域独自の品種（系統）を守り続け、他地域に流出しないように管理していた「山内かぶら」や、短時間で小鯛の鮮度を失わないまま処理するという、地域の生産業者に伝統的に受け継がれてきた熟練した手法により特性が生まれる「若狭小浜小鯛ささ漬」のように、地域の伝統的な製法を使用していること等の人為的要素も考えられます。

社会的評価を特性とする場合、評価を受けるに至った産品の優良な品質や歴史的・文化的な背景をどのように育んできたのか等、地域としての取組内容を記載してください。

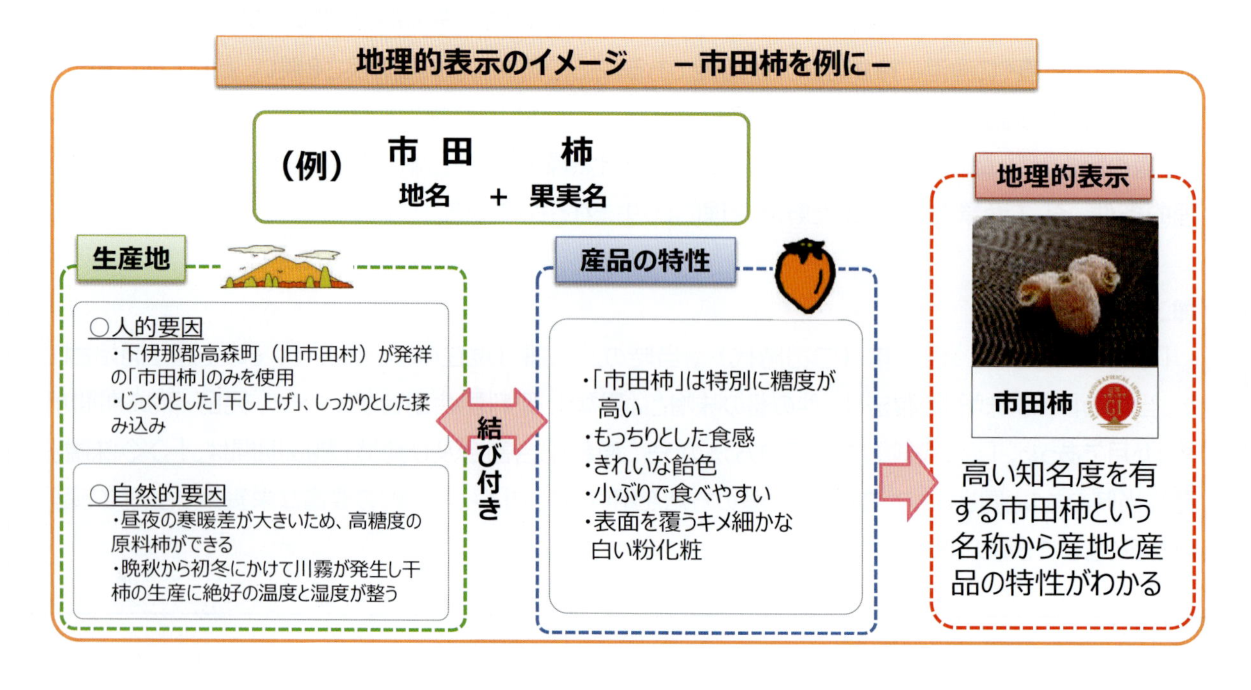

8　農林水産物等がその生産地において生産されてきた実績

〈記載例〉

「○○りんご」は、昭和××年に、その生産を開始し、現在に至るまで、合計××年間、その生産を継続している。

★　記載ルール

（1）　生産の中断期間がある場合

生産を中断していた期間がある場合には、生産の開始時期、生産期間の合計に加えて、生産の中断時期及び中断期間の合計を記載してください。

〈記載例〉

「○○」は、大正××年に、その生産を開始し、昭和××年まで、生産を継続したが、同年に生産を中断した。その後、××年間の中断期間を経て、平成××年に生産を再開し、現在まで、その生産を継続している。「○○」の生産期間は、中断期間を除いて、合計××年間である。

（2）　発祥、来歴も含めて記載する場合

生産の開始時期及び生産期間の合計に加えて、申請産品の発祥や来歴等を記載することもできます。

〈記載例〉

郷土史「△△」によると、平安時代×××年に、○○地域で、△△の栽培・加工が行われるようになった。その後、明治××年に、ＸＸやＹＹらにより、△△の栽培・加工について研究が開始され、その結果、高品質な△△が生まれ、「○○△△」と名付けられた。昭和××年に、「○○△△協議会」が設立され、ブランド管理に取り組み、現在に至るまで、その生産を継続している。

☆ **解説：生産実績について**

産品の特性が「確立している」といえるためには、消費者などの実需者が、その産品が地域と結び付いた特性を持つと認識している必要があります。この判断基準の一つとして、単に、地域における産品の生産実績ではなく、産品が特性を有した状態で概ね 25 年間生産された実績を求めています。

連続した25年間である必要はありませんが（中断があっても合計25年あれば良い）、途中で品質基準の緩和など産品の定義を変更した場合は、それまで当該名称を名乗れなかった品質のものが新たに含まれることとなるため、同じ特性を有した状態であるとはいえません。このため、定義を変更した時点から、新たに 25 年間の生産実績が必要になります。なお、単に品質基準を厳格化した場合は、この限りではありません。

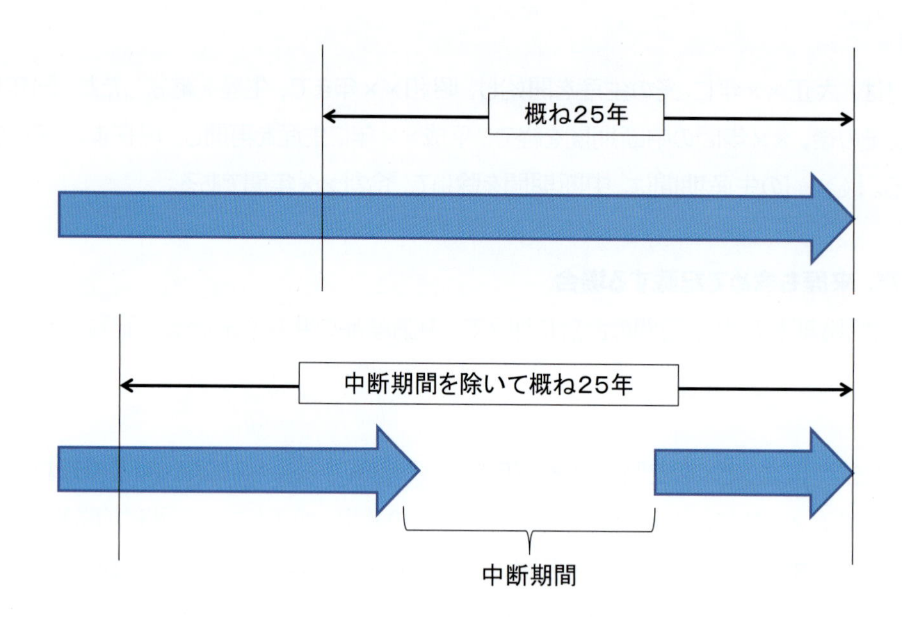

9　法第 13 条第 1 項第 4 号ロ該当の有無等

（1）法第 13 条第 1 項第 4 号ロ該当の有無

申請農林水産物等の名称は、法第 13 条第 1 項第 4 号ロに

☑　該当する

商標権者の氏名又は名称：○○株式会社

登録商標：△△りんご

指定商品又は指定役務：第 29 類　冷凍果実，冷凍りんご

第 31 類　果実，りんご

商標登録の登録番号：第××××号

商標権の設定の登録（当該商標権の存続期間の更新登録があったときは、商標権の設定の登録及び存続期間の更新登録）の年月日：平成××年×月×日

該当する商標が複数ある場合には、該当する全ての商標ごとに記載。

〈商標権の存続期間の更新登録があった場合の記載〉

商標権の設定の登録の年月日

平成××年×月×日

商標権の存続期間の更新登録の年月日

平成××年×月×日

□　該当しない

該当しないに☑を入れた場合には、（2）の各欄には何も☑を入れない

（2）法第 13 条第 2 項該当の有無

□　法第 13 条第 2 項第 1 号に該当

【専用使用権】

□　専用使用権は設定されている。

専用使用権者の氏名又は名称：

専用使用権者の承諾の年月日：

□　専用使用権は設定されていない。

法第 13 条第 2 項第 1 号に該当する場合とは、申請者が、該当する登録商標の商標権者である場合をいいます。この場合において、該当する登録商標について専用使用権者がいるときは、専用使用権者の承諾も必要となります。

□　法第 13 条第 2 項第 2 号に該当

【商標権】

商標権者の承諾の年月日：

【専用使用権】

□　専用使用権は設定されている。

専用使用権者の氏名又は名称：

専用使用権者の承諾の年月日：

□　専用使用権は設定されていない。

法第 13 条第 2 項第 2 号に該当する場合とは、申請者が、該当する登録商標の専用使用権者であり、該当する登録商標の商標権者の承諾を得ている場合をいいます。この場合において、該当する登録商標について、申請者以外に専用使用権者がいるときは、その専用使用権者の承諾も必要となります。

□ 法第 13 条第 2 項第 3 号に該当

【商標権】

商標権者の承諾の年月日：

【専用使用権】

□ 専用使用権は設定されている。

専用使用権者の氏名又は名称：

専用使用権者の承諾の年月日：

□ 専用使用権は設定されていない。

法第 13 条第 2 項第 3 号に該当する場合とは、申請者が、該当する登録商標の商標権者の承諾を得ている場合をいいます。この場合において、該当する登録商標について専用使用権者がいるときは、専用使用権者の承諾も必要となります。

10 連絡先（文書送付先）

住所又は居所：申請者に同じ

宛名：申請者に同じ

担当者の氏名及び役職：○○課長 △◇ ○◎

電話番号：０３－○○○○－○○○◎

ファックス番号：０３－○○○○－○○○○

電子メールアドレス：××××@××××．××

申請後に、審査を担当する審査官から申請の内容について照会をさせていただく場合があります。「連絡先（文書送付先）」欄の記載は、この照会をする際に利用されますので、照会に対して適切に回答することができる担当者の所属や氏名等を記載してください（共同申請の場合は各々記載）。

[添付書類の目録]

申請書に添付した書類の「□」欄に、チェックを付すこと。

申請書に添付した書類全てについて☑

☑1　明細書

☑2　生産行程管理業務規程

□3　代理人により申請する場合は、その権限を証明する委任状等の書類

☑4　法第２条第５項に規定する生産者団体であることを証明する書類

☑（１）申請者が法人（法令において、加入の自由の定めがあるものに限る。）の場合は、登記事項証明書

□（２）申請者が法人（（１）に該当する場合を除く。）の場合は、登記事項証明書及び定款その他の基本約款

□（３）申請者が法人でない場合は、定款その他の基本約款

□5　外国の団体の場合は、誓約書

☑6　法第13条第１項第１号に規定する欠格条項に関する申告書

☑7　法第13条第１項第２号ハに規定する経理的基礎を有することを証明する書類

書類名：（１）平成○○年度から平成○○年度までの各年度の財産目録

（２）平成○○年度から平成○○年度までの各年度の貸借対照表

（３）平成○○年度から平成○○年度までの各年度の収支計算書

（４）生産行程管理業務の年間計画書

☑8　法第13条第１項第２号ニに規定する必要な体制を整備していることを証明する書類

書類名：（１）組織規程

（２）組織図

☑9　申請農林水産物等が特定農林水産物等に該当することを証明する書類

書類名：（１）○○みかん生産の歴史（○○社発行）

（２）○○市の農地土質状況マップ（○○市調べ）

3.3 明細書の作成方法

明細書は、申請書の基準を満たすことを前提とした生産者団体ごとの産品基準です。このため、申請書とは異なり、生産者団体ごとに作成することになります。申請書に記載されている産品の特性を満たすのであれば、より高いレベルの品質基準や生産方法を記載することもできますが、明細書の記載内容が申請書の内容に実質的に反する場合は、登録が拒否されます（GI 法第 13 条第 1 項第 2 号イ）。

なお、申請書の記載内容と異なる箇所には、下線を付してください。

申請書における記載内容に実質的に反するとは、例えば、次のような場合です。

ア 申請書に記載した特性の基準に満たない内容を明細書に記載する場合（例：ミカンの糖度について、申請書では糖度 10 度以上と記載し、明細書では糖度 9 度以上と記載する場合）

イ 申請書に記載した生産の方法と比較して、特性の付与又は保持にとって必要十分な範囲を超える内容を明細書の記載内容とする場合（例：明細書に生産の方法として「○○という餌を与える」と記載しているが、この餌が特性の付与又は保持とは無関係な場合）

ウ 明細書に、(ⅰ)から(ⅲ)までの事項が記載されている場合

(ⅰ) 申請農林水産物等の販売価格等についての取決めに関する事項

(ⅱ) 競合規格の排除等に関する事項

(ⅲ) (ⅰ)及び(ⅱ)のほか、独占禁止法に抵触するおそれのある事項

<注意点>独占禁止法に抵触するおそれのある事項について

GI 登録された産品の基準については、これに即して、生産者団体によるその構成員に対する内部管理が行われ、当該基準の適合の担保が図られるとともに、当該生産者団体の構成員以外の者の地理的表示の使用が禁止されますが、登録基準の内容については、第三者からの意見書提出手続及び学識経験者からの意見聴取手続を経た上で、農林水産大臣が、その内容を審査して、客観的に適正な内容であることを決定するため、基準自体が独占禁止法上直ちに問題になるわけではないと考えられます。

ただし、申請過程において市場における競争が実質的に制限される、あるいは公正な競争が阻害されるおそれがある場合には、独占禁止法上問題となる可能性がありますが、そのような申請は却下又は登録が拒否されます。例えば下記の例が考えられます。

（1）販売価格等の取決め

販売価格等は、明細書の記載事項ではないので、記載の方式違反として、補正命令、申請の拒否の対象となります。

（2）規格の範囲の不当な拡張等

登録された基準（生産地、特性及び生産方法）が、その地理的表示が付される特定農林水産物等の内容として需要者に認識されているものと異なる場合（例えば、特性、生産方法等について品質改善や生産コスト縮減に向けた研究開発の排除につながるような規定を設けるなどにより、特定農林水産物等の特定上合理的に必要と認められる範囲を超える内容である場合）には、その地理的表示は、特定農林水産物等を特定するものではないとして、地理的表示登録を受けることはできません。

（3）技術提案等の不当な排除

地理的表示登録申請手続に重大な瑕疵があった場合（例えば、生産者団体に加入している生産業者が、当該生産者団体の意思決定手続から不当に排除されるなどして、生産者団体の意思決定過程に瑕疵がある場合）には、不適法な申請として扱い、当該申請は却下されます。

上記のようなケースに該当するにもかかわらず、誤って地理的表示登録された場合には、不正の手段により地理的表示登録を受けたものとして、事後的に登録が取り消される可能性があります。

明細書の作成方法について、項目ごとに記載例を交えて解説します。

明 細 書

年 月 日

申請書と異なり明細書は申請団体毎に各々作成します。

1　作成者

住所（フリガナ）：（〒○○○－○○○○）東京都千代田区霞が関○丁目○番○号（トウキョウト チヨダク カスミガセキ）

名称（フリガナ）：○○農業協同組合（マルマルノウギョウキョウドウクミアイ）

代表者（管理人）の氏名：代表理事組合長　○○　○○

ウェブサイトのアドレス：http://www.××××××/

2　農林水産物等の区分

（申請書と同一の内容を記載）

区分名：第３類　果実類

区分に属する農林水産物等：りんご

3　農林水産物等の名称

（申請書と同一の内容を記載）

名称（フリガナ）：○○りんご（マルマル）

4　農林水産物等の生産地

（原則として申請書と同一の内容を記載）

生産地の範囲：△△県○○市、□□町

複数者による共同申請の場合に、各団体で生産地が異なる場合には、それぞれの生産地を記載することになります。
例）Ａ団体　○○市
　　Ｂ団体　□□町
の場合は、Ａ団体の明細書の生産地には、△△県○○市を、Ｂ団体のそれには、△△県□□町を記載。申請書と異なる箇所に下線を付すのを忘れずに記載してください。

5　農林水産物等の特性

（原則として申請書と同一の内容を記載）

申請書の産品規格が糖度10度から14度であり、重量にかかる産品規格がない産品を例に申請書と異なる場合の記載例を示します。申請書と異なる箇所に下線を付すのを忘れずに記載してください。

→申請書の産品規格よりも厳しい産品規格を明細書に記載する場合

・「○○りんご」は、他の産地の一般的なリンゴと比べて、糖度は約××度高く（「○○りんご」の糖度は 12度から14度）

→申請書の産品規格に新たな要件を付加したものを明細書に記載する場合

・「○○りんご」は、他の産地の一般的なリンゴと比べて、小さなリンゴ（「○○りんご」の重量は××から××グラム、直径は××センチメートル以下）であり、糖度は約××度（「○○りんご」の糖度は××度）高く、・・・。

6　農林水産物等の生産の方法

（原則として申請書と同一の内容を記載）

→申請書の生産の方法の一部を限定する場合

・「○○みかん」の品種は「Ａ」を用いる。

→申請書の生産の方法に新たな行程を付加する場合

・生産地内で栽培を行う。また、収穫前に水切りを行う。

○○みかんの生産の方法として、品種「Ａ」または「Ｂ」で、生産地内で栽培を行うとされている産品を例に、方法の一部を限定したり、新たな行程を付加する場合の記載例を示します。
申請書と異なる箇所に下線を付してください。

7　農林水産物等の特性がその生産地に主として帰せられるものであることの理由

（申請書と同一の内容を記載）

8　農林水産物等がその生産地において生産されてきた実績

（申請書と同一の内容を記載）

9　法第 13 条第１項第４号ロ該当の有無等

（申請書と同一の内容を記載）

（１）法第 13 条第１項第４号ロ該当の有無

申請農林水産物等の名称は、法第 13 条第１項第４号ロに

□　該当する

商標権者の氏名又は名称：

登録商標：

指定商品又は指定役務：

商標登録の登録番号：

商標権の設定の登録（当該商標権の存続期間の更新登録があったときは、商標権の設定の登録及び存続期間の更新登録）の年月日：

□　該当しない

（２）法第 13 条第２項該当の有無（（１）で「該当する」欄にチェックを付した場合に限る。）

□　法第 13 条第２項第１号に該当

【専用使用権】

□　専用使用権は設定されている。

専用使用権者の氏名又は名称：

専用使用権者の承諾の年月日：

□　専用使用権は設定されていない。

□ 法第 13 条第 2 項第 2 号に該当

【商標権】

商標権者の承諾の年月日：

【専用使用権】

□ 専用使用権は設定されている。

専用使用権者の氏名又は名称：

専用使用権者の承諾の年月日：

□ 専用使用権は設定されていない。

□ 法第 13 条第 2 項第 3 号に該当

【商標権】

商標権者の承諾の年月日：

【専用使用権】

□ 専用使用権は設定されている。

専用使用権者の氏名又は名称：

専用使用権者の承諾の年月日：

□ 専用使用権は設定されていない。

10 連絡先

明細書を作成した生産者団体の連絡先を記載してください（申請書の記載例を参照してください）。

住所又は居所：

宛名：

担当者の氏名及び役職：

電話番号：

ファックス番号：

4

生産行程管理業務規程の作成方法

4 生産行程管理業務規程の作成方法

申請産品が登録を受けると、生産者団体は「生産行程管理業務規程」に基づきGI産品の生産行程を管理し、品質を担保するとともに、名称及びGIマークを適正に表示する義務が生じます。

生産行程管理業務の審査においては、生産者団体が、GI 法に定める事項を満たしうるかどうかを審査し、満たさない場合は登録が拒否されます（GI法第13条第１項第２号）。本章では、GI法が定める「生産行程管理業務」の内容とともに、その業務の方法を規程する「生産行程管理業務規程」に必要な基準について解説をします。

4.1 生産行程管理業務とは

GI法において生産行程管理業務とは、以下の業務であると定められています。（GI法第２条第６項）

① 明細書の作成又は変更
② 明細書を作成した農林水産物等について当該生産者団体の構成員たる生産業者が行うその生産が当該明細書に適合して行われるようにするため必要な指導、検査その他の業務を行うこと
③ ①及び②に付帯する業務を行うこと

つまり、生産者団体は、申請書の内容に反しないように明細書を作成又は変更し（上記①）、生産者団体の構成員である生産業者の生産方法が、①で作成した明細書に適合して行われるようにするために必要な指導、検査その他の業務[12]を行います（上記②）。さらに、その確認や指導等の実績を報告書として国に提出・保存します（上記③）。これら一連の業務を「生産行程管理業務」といいます。

12 明細書を作成した農林水産物等について生産者団体の構成員である生産業者が行う生産が当該明細書に適合して行われるようにするための必要な指導、検査その他業務とは、生産者団体がその構成員たる生産業者の事務所、倉庫、ほ場等において、生産の方法の確認や農林水産物等の検査を行うこと、特定農林水産物等に適切に地理的表示やGIマークが付されていることについて確認を行うこと、生産業者に生産基準や適切な地理的表示やGIマークの使用方法を遵守させるために定期的に講習会を開催すること等をいいます。

4.2　生産行程管理業務の実施に当たり満たすべき事項

生産者団体が生産行程管理業務を実施するに当たっては、以下の（１）～（４）の事項を満たす必要があり、満たさない場合は登録が拒否されます（GI 法第 13 条第１項第２号）。

（１）明細書の内容が申請書に反しないこと［GI 法第 13 条第１項第２号イ］

「3.3　明細書の作成方法」を参照ください。

（２）生産行程管理業務規程で定める生産行程管理業務の方法が、明細書適合性を確保するための基準を満たしていること［GI 法第 13 条第１項第２号ロ］

生産行程管理業務の方法に関する規程を「生産行程管理業務規程」と言い、明細書とともに申請書に添付して農林水産大臣に提出することとされています（GI 法第７条第２項）。「生産行程管理業務規程」が満たすべき基準は、GI 法施行規則第 15 条において以下のように定められています。

ア　GI 法第 16 条第１項の変更の登録を受けたときは、当該変更の登録に係る事項に係る明細書の変更を行うことが定められていること（同規則第 15 条第１号）。

イ　構成員たる生産業者が行う生産が明細書に定められた GI 法第７条第１項第４号から第６号までに掲げる事項（生産地・特性・生産の方法）に適合することを確認することが定められていること（同規則第 15 条第２号）。

具体的には、（ｉ）から（iii）までの事項を満たす必要があります。

（ｉ）明細書に記載されている生産地・特性・生産の方法について、過不足なくその確認の方法が担保されていること。

（ii）各行程における確認の方法が、生産地・特性・生産の方法に適合する方法で行われることを担保する上で、必要十分な内容となっていること。

（iii）その他生産地・特性・生産の方法に適合した生産を行っていることに疑義がある場合に、必要に応じ確認を行うことができる内容となっていること。

＜注意点＞明細書適合性の確認に必要な書類について

明細書に記載されている生産方法等の基準は、GI 登録のために新たに定められたものではなく、登録以前より生産地において実施されているものです。出荷される GI 産品の明細書適合性の確認を、現行の栽培日誌や資材使用履歴、営農指導の記録、選果記録等によって実施できる場合、新たな確認様式の作成は必ずしも必要ではありません。

ウ　確認の結果、構成員たる生産業者が行う生産が明細書に定められたGI法第７条第１項第４号から第６号までに掲げる事項（生産地・特性・生産の方法）に適合しないことが判明したときは、当該生産業者に対し、適切な指導を行うことが定められていること（同規則第15条第３号）。

具体的には、以下の(ⅰ)及び(ⅱ)の事項を満たす必要があります。
（審査要領別紙５　生産行程管理業務審査基準　第２の２（２）参照）

（ⅰ）不適正な生産の方法を行っていた生産業者に対する是正の仕組みが、生産地・特性・生産の方法ごとに設けられていること。
（ⅱ）（ⅰ)の是正の仕組みが、生産地・特性・生産の方法通りに生産を行うために必要十分な内容となっていること。

エ　構成員たる生産業者がGI法第３条第１項及び第４条第１項の規定に従って、生産する産品及び包装等に地理的表示及びGIマークを付していることを確認することが定められていること（同規則第15条第４号）。
また、当該確認の結果、構成員たる生産業者がGI法第３条第２項又は第４条の規定に違反していることが判明したときは、当該生産業者に対し、適切な指導を行うことが定められていること（同規則第15条第５号）。

具体的には、以下の(ⅰ)から(ⅴ)までの事項を満たす必要があります。

（ⅰ）生産業者が明細書に記載された生産地・特性・生産の方法通りに生産していない農林水産物等に地理的表示を使用していないか確認し、不正使用の場合に指導すること。

（ⅱ）生産業者が明細書に記載された生産地・特性・生産の方法通りに生産していない農林水産物等にGIマークを使用していないか確認し、不正使用の場合に指導すること。

（ⅲ）生産業者が地理的表示を使用していない農林水産物等にGIマークを使用していないか確認し、不正使用の場合に指導すること。

（ⅳ）生産業者が地理的表示を使用している農林水産物等にGIマークを使用しているか確認し、使用していない場合に指導すること。

（ⅴ）生産業者が農林水産物等に地理的表示に類似する表示又はGIマークに類似する表示を使用していないか確認し、使用している場合に指導すること。

オ　実績報告書（審査要領別添５別紙参照）を作成し、当該実績報告書を明細書及び生産行程管理業務規程の写しとともに毎年１回以上農林水産大臣に提出すること並びに実績報告書の提出時期（提出時期は、生産行程管理業務規程において生産者団体が定めた収穫年度や決算年度に基づく）が定められていること（同規則第15条第６号）。また、実績報告書及びこれに関する書類（生産行程管理業務の対応実績が分かる参考資料）を提出の日から５年間保存すること（同規則第 15 条第７号）。

＜注意点＞　生産業者の個選による出荷（生産者団体を経ない出荷）がある場合

GI 産品として登録された後は、生産者団体には生産行程管理業務規程に基づいた生産を行うことや地理的表示や GI マークの貼付などの義務が課せられます。

このため、申請された生産行程管理業務規程において、産品の出荷時に、共選によってのみ選果・選別を行い、出荷規格に合致するものしか出荷しないと定められているにも関わらず、生産者団体の構成員である生産業者が、出荷規格を遵守することなく個選で出荷している場合などには、生産者団体の構成員が生産行程管理業務規程を遵守できないこととなるため、登録できません。

共選と個選の問題は、名称に関する審査（産品の名称から産品を特定できるか）にも関係し、過去の申請産品でも問題になることが多かった点です。個選については、明細書に定められた産品の基準を満たすのであれば、必ずしも共選と同じ管理を行う必要はありませんが、申請産品の出荷方法として共選と個選の両方が存在する場合は、双方を包含した生産行程管理業務規程とする必要があります。

（３）生産者団体が生産行程管理業務を適確かつ円滑に実施するに足りる経理的基礎を有していること

［GI 法第 13 条第１項第２号ハ］

「経理的基礎」とは、生産者団体が生産行程管理業務を安定的かつ継続的に行うに足る財政基盤を有していることをいい、当該生産者団体の規模、構成員からの会費収入の状況、構成員たる生産業者に対して行う指導・検査等の業務の内容等を総合的に考慮するとされています。

具体的には、「経理的基礎」を有するか否かは、添付書類（財産目録、貸借対照表、収支計算表、事業計画書等）に記載された生産者団体の経理状況が生産行程管理業務規程に規定された業務を実施するのに十分か否かといった点が考慮されます。

（４）生産行程管理業務の公正な実施を確保するため必要な体制が整備されていること

［GI 法第 13 条第１項第２号ニ］

申請団体には、「生産行程管理業務の公正な実施を確保するため必要な体制」が求められます。特定の生産業者に対してのみ便宜を供与したり、当該業務に関係する利害関係者の不当な介入を受けたり、生産者団体自らの利益のみを追求した結果、当該業務の公正性が損なわれるといった事態に陥ることを回避するための体制が整備されていることをいいます。「公正な実施を確保するため必要な体制が整備されている」か否かは、添付書類（組織規程、組織図等）から以下のような点を考慮して判断されます。

（ア）生産行程管理業務に従事する役員等の選任・解任の方法等が定款等に定められているか否か。

（イ）生産行程管理業務の実施について監督できる体制が構築されているか否か。

（ウ）生産行程管理業務に従事する者の人数や業務分担、設備の設置状況。

4.3 生産行程管理業務規程の作成方法

生産行程管理業務規程の作成方法について、項目ごとに記載例を交えて解説します。

【記載例③生産行程管理業務規程】

生産行程管理業務規程

年　月　日

1 作成者

住所（フリガナ）：（〒○○○－○○○○）東京都千代田区霞が関○丁目○番（トウキョウト チ ヨ ダ ク カスミガセキ）

○号

名称（フリガナ）：○○農業協同組合（マルマルノウギョウキョウドウクミアイ）

代表者（管理人）の氏名：代表組合長　○○　○○

ウェブサイトのアドレス：http://www.××××××/

2 農林水産物等の区分

（申請書と同一の内容を記載）

区分名：第３類　果実類

区分に属する農林水産物等：りんご

3 農林水産物等の名称

（申請書と同一の内容を記載）

名称（フリガナ）：○○りんご（マルマル）

4 明細書の変更

生産者団体○○は、法第 16 条第１項の変更の登録を受けたときは、当該変更の登録に係る明細書の変更を行うものとする。

GI 法の規定に基づく生産行程管理業務の方法の基準を満たすために必須の記載事項です。

5　明細書適合性の確認

【記入上の注意点】

・　明細書の「４　農林水産物等の生産地」欄、「５　農林水産物等の特性」欄及び「６　農林水産物等の生産の方法」欄に記載されている生産地・特性・生産の方法の全てを過不足なく確認でき、その方法として必要十分な内容（生産現場での確認を必ず含める等）としてください。

・　明細書に適合した生産が行われない疑いがある場合に、必要に応じ確認を行うことができる内容としてください。

＜記載例＞

〈果樹・野菜の場合〉

（１）品種の確認

品種「Ａ」については、生産者団体○○が一元的に管理しており、生産業者からの申込みを受けて品種「Ａ」を配布することとし、申込み・配布の状況については記録をしている。

生産者団体○○は、この申込み・配布の記録と照らし合わせて、生産業者が品種「Ａ」を使用しているか否かを確認する。

（種子などを生産業者が購入する場合の記載例）

生産者団体〇〇は、生産業者が自ら品種「A」の種子を購入する場合には、播種前に生産業者から種子の購入日、購入先、種苗メーカー、品種（商品名）、購入量を記載した種子購入明細書を提出させ、同団体が現物確認を行うことにより、生産業者が品種「A」を使用しているか否かを確認する。

（２）栽培の方法の確認

生産者団体○○は、生産業者にほ場の場所や生産資材の使用履歴等を記載した月報（様式は別紙のとおり）を作成・提出させ、その記載内容を確認することで、栽培の方法を遵守しているか否かを確認する。

（３）出荷規格・最終製品の確認

「○○みかん」の選果は、生産者団体○○が指定する共同選果場において行うこととし、この際に、（１）及び（２）の確認の記録を確認するとともに、生産者団体○○の職員が選果状況を確認することで、出荷規格の遵守及び最終製品を確認する。

（４）臨時の調査

上記によるほか、明細書に記載の生産方法が遵守されていないことが疑われる場合には、生産者団体○○は、臨時に、現地調査を実施する。

（個選による出荷がある場合の記載例）

個選は生産者団体〇〇の定める「〇〇みかん」の出荷規格表に則り生産業者が自ら行い、その結果を記録する。個選を行った生産業者から出荷された「〇〇みかん」については、生産者団体〇〇が、その記録を確認するとともに、抽出検査を行い、選果状態を確認することで出荷規格の遵守及び最終製品を確認する。

〈黒毛和種（牛肉）の場合〉

（１）生産者団体〇〇は、以下の方法により、明細書の生産の方法に記載された各基準を満たしているか否かを確認する。

ア 品種及び種雄牛の血統の確認

と畜前に〇〇〇協会が発行した子牛登記証明書の記載内容を確認することにより行う。

イ 出生地、最長飼養地の確認

と畜前に〇〇〇センターから提供された個体識別情報を確認することにより行う。

ウ 肉質等級の確認

肥育牛の枝肉について△△△協会が発行する牛枝肉格付明細書を確認することにより行う。

（２）生産者団体〇〇は、上記（１）に記載の確認時に、明細書の生産の方法に記載された各基準が遵守されていないと疑われる場合には、臨時で調査を実施する。

〈水産物の場合〉

（１）□□魚を漁獲する漁業（◇◇漁業）は、△△県知事の定める漁業調整規則に基づき、操業水域、漁業種類及び水揚漁港が定められ、それらの操業規制の下でのみ操業が許されている。そして、それらの操業規制は明細書の生産の方法で示される漁獲の方法と同一の内容となっている。生産者団体〇〇は、同職員が水揚漁港において□□魚を水揚げする漁船が△△県の許可を有した◇◇漁船であることを示す舷側に表示された許可番号を確認することにより、明細書の生産の方法に記載の漁獲の方法を遵守して漁獲されたものであることを確認する。

（２）生産者団体〇〇は、同職員が当該漁船から漁港に水揚げされた□□魚について、色、傷の有無、氷使用の有無を目視で確認することにより、明細書に記載の鮮度管理が行われていることを確認する。

（３）生産者団体〇〇は、上記（１）又は（２）の確認時の記録を別紙様式により行うとともに、明細書の生産の方法に記載された各基準が遵守されていないと疑われる場合には、臨時で調査を実施する。

〈加工品の場合〉

（１）生産業者は、□□の原材料となる××、△△、〇〇が明細書に記載の基準を満たしたものであることの証明となる納入伝票を保存するとともに、明細書の記載の方法(原材料、製造方法及び最終製品の形態)を遵守して□□を製造した記録として所定の様式による生産日誌を毎日記入するとともに、毎月１０日までに前月分の生産日誌を生産者団体◇◇に提出する。

（２）同団体は、同団体職員及び品質管理担当者（同団体構成員から互選された生産業者で複数の者を置く）により前記（１）で生産業者から提出のあった生産日誌の記載内容の確認を行うとともに、毎月１回全生産業者に対して行う巡回確認（各生産業者の原材料の納入伝票や生産行程、最終製品の形態について現地確認を行う。）を実施し、これらにより生産業者が明細書に記載の生産方法を遵守して生産していることを確認し、所定の検査報告書に記録の上、毎月末までに団体の長に報告する。

（３）同団体は、生産業者の生産する製品について、同団体職員及び品質管理担当者による品質確認検査を概ね３か月毎に行い、色、香り、味、食感が明細書に記載の品質基準を満たしていることを確認し、所定の検査報告書に記録の上、毎月末までに団体の長に報告する。

（４）前記（２）及び（３）の確認等において、生産業者が明細書に記載の生産の方法を遵守しないで生産していることが疑われた場合には、同団体は同団体職員及び品質管理担当者による臨時の現地調査を行うものとする。 なお、調査担当者は、その結果を所定の現地確認・指導状況報告書にとりまとめの上、すみやかに同団体の長に報告する。

6　明細書適合性の指導

【記入上の注意点】

・不適正な生産を行っていた生産業者に対する是正の仕組みが明細書に記載の生産地・特性・生産の方法について全て網羅されており、またその内容が必要十分なものであるように記載しください。

・明細書に記載の生産地・特性・生産の方法の各基準について、生産業者の周知徹底を図るため、少なくとも年一回以上の講習会等の開催を行う規定を含めてください。

＜記載例＞

（１）生産者団体○○は、前記５の確認時において、明細書に記載の生産地・特性・生産の方法の各基準のいずれかを満たしていないと疑われる場合には、当該生産業者に対して警告を発し、是正を求める。なお、警告を受けたにもかかわらずこれに従わない場合には、生産者団体○○は、組織規約の規定に基づき、当該生産業者を除名する等ができるものとする。

（２）生産者団体○○は、年に一回以上、構成員である生産業者に対し、講習会等の機会を設け、明細書に記載の生産地・特性・生産の方法の各基準を遵守するよう指導する。

7　地理的表示等の使用の確認

【記入上の注意点】
・明細書に記載の生産地・特性・生産の方法の各基準を満たす産品のみに地理的表示及び登録標章（GI マーク）が使用されているか確認する方法について、その内容が必要十分であるように記載してください。
・その際に、不適正な使用がないか否かも合わせて確認する内容としてください。

<記載例>

（1）生産者団体○○は、前記５の確認時において、明細書に記載の生産の方法の各基準をいずれも満たしたみかんについてのみ「○○みかん」及び GI マークが使用されているかを確認する。この際、地理的表示である「○○みかん」及び GI マークを使用している者及びこれらの使用がされているもの（例えば、出荷用のダンボール箱）についても確認する。

（2）また、前記（1）の確認において、以下のみかんがないかも確認する。
ア　明細書に記載の生産の方法の各基準をいずれも満たしていないみかんであるにもかかわらず、地理的表示である「○○みかん」が使用されているみかん
イ　地理的表示である「○○みかん」のみが使用されているみかん
ウ　GI マークのみが使用されているみかん
エ　地理的表示である「○○みかん」に類似する表示又は GI マークに類似する標章が使用されているみかん

上記のアからエに該当するものがないかを必ず確認する内容としてください。

8　地理的表示等の使用の指導

【記入上の注意点】
・７で記載された地理的表示等の不正使用を行っていた生産業者に対し、是正する仕組みがあり、また、その内容も必要十分なものであるように記載してください。

・地理的表示等の適正な表示について、生産業者の周知徹底を図るため、少なくとも年一回以上の講習会等の開催を行う規定を含めてください。

<記載例>

（１）生産者団体○○は、前記７において確認された以下の場合について、当該表示を行った生産業者に対し警告を発し、是正を求める。なお、警告を受けたにもかかわらずこれに従わない場合には、生産者団体○○は、組織規約の規定に基づき、当該生産業者を除名する等ができるものとする。

ア　明細書に記載の生産の方法の各基準をいずれも満たしていないみかんであるにもかかわらず、地理的表示である「○○みかん」が使用されている場合

イ　地理的表示である「○○みかん」のみが使用されている場合

ウ　GI マークのみが使用されている場合

エ　地理的表示である「○○みかん」に類似する表示又は GI マークに類似する標章が使用されている場合

（２）生産者団体○○は、６（２）に記載の講習会等の機会において、構成員である生産業者に対し、適切な地理的表示等についての普及啓発を図るものとする。

9　実績報告書の作成等

【記入上の注意点】

・以下（１）～（４）の内容を必ず網羅した内容としてください。

・報告書は、必ず毎年１回以上農林水産大臣に提出してください。

・年度終了後から報告書提出までの期間設定は、文書整理期間等を踏まえた合理的なものとしてください。（不必要に長い期間とならないようにしてください。）

また、年度の設定については、産品の生産サイクルに合わせたものとすることも可能です。

（例：９月～翌年８月末）

<記載例>

生産者団体○○は、４月１日から翌年３月 31 日までを一年度として、年度終了後１か月以内に、以下の書類を作成し、農林水産大臣に提出するものとする。

（１）審査要領別添５「生産行程管理業務審査基準」別紙により作成した生産行程管理業務実績報告書

（２）生産行程管理業務の対応実績が分かる資料として、以下の資料生産者団体○○が作成した検査記録（地理的表示等の使用状況の記録を含む）

（３）提出時における最新の明細書

（４）提出時における最新の生産行程管理業務規程

10　実績報告書等の保存

【記入上の注意点】

・「９　実績報告書の作成等」において、「生産行程管理業務の対応実績が分かる資料」として提出した、生産者団体自身が作成した資料に加えて、当該資料を作成する際に使用した資料の具体名（例えば、各生産業者から提出された月報等）を記載するようにしてください。

・保存期間は、実績報告書等の提出日から５年間となるように記載してください。

＜記載例＞

生産者団体○○は、前記９（２）において提出した資料に加えて以下の書類を、生産者団体○○の事務所に、その提出の日から５年間、保存するものとする。

ア　生産者団体○○の構成員である生産業者が作成し生産者団体○○に提出させた月報

イ　・・・・・・・

11　連絡先

明細書の生産者団体の連絡先を記載してください（申請書の記載例を参照してください）。

住所又は居所：

宛名：

担当者の氏名及び役職：

電話番号：

ファックス番号：

電子メールアドレス：

5

登録後の留意点

5　登録後の留意点

GI 法に基づき産品が登録されると、生産業者のみならず、流通・販売に携わる事業者等にも地理的表示及び GI マークの貼付義務が生じます。また、GI マークを、広告、インターネット販売及び飲食業におけるメニュー表示等（以下「広告やメニュー等」といいます。）に使用する場合のガイドラインも定めています。この章では、GI 産品の生産・流通・販売等に携わる方々が守るべきルールなど登録後の留意点について解説します。

5.1　生産者団体・生産業者・流通事業者・輸入業者等の義務

（1）生産者団体の義務

GI 法に基づき産品が登録された場合、生産者団体には、生産業者が産品の仕様書である明細書に沿って GI 産品の生産を行っているか否か、地理的表示や GI マークが適正に使用されているか否かを確認し、毎年 1 回以上、国に実績を報告する義務があります（GI 法第 13 条第 1 項第 2 号ロ及び GI 法施行規則第 15 条第 6 号）。GI 登録後に、例えば、構成員である生産業者が類似名称を使用するなど、適切な生産行程管理が行われていない場合には、農林水産大臣による措置命令が発出され、命令に従わない場合には登録が取り消されることもあります。

（2）生産業者の義務

生産業者は明細書に従って産品を生産しなければならず、生産行程管理を受け、明細書に適合した生産が行われたことが確認された産品以外には、地理的表示及び GI マークを表示することができません。このルールは、生産業者が生産者団体の構成員である以上、生産者団体を通じて出荷するものだけではなく、自ら出荷するものにも及びます。生産行程管理を受けていない産品を自ら出荷する場合には、GI 産品の名称及び類似名称は使用することができないため、全く異なる名称（非類似名称）を付す必要があります。

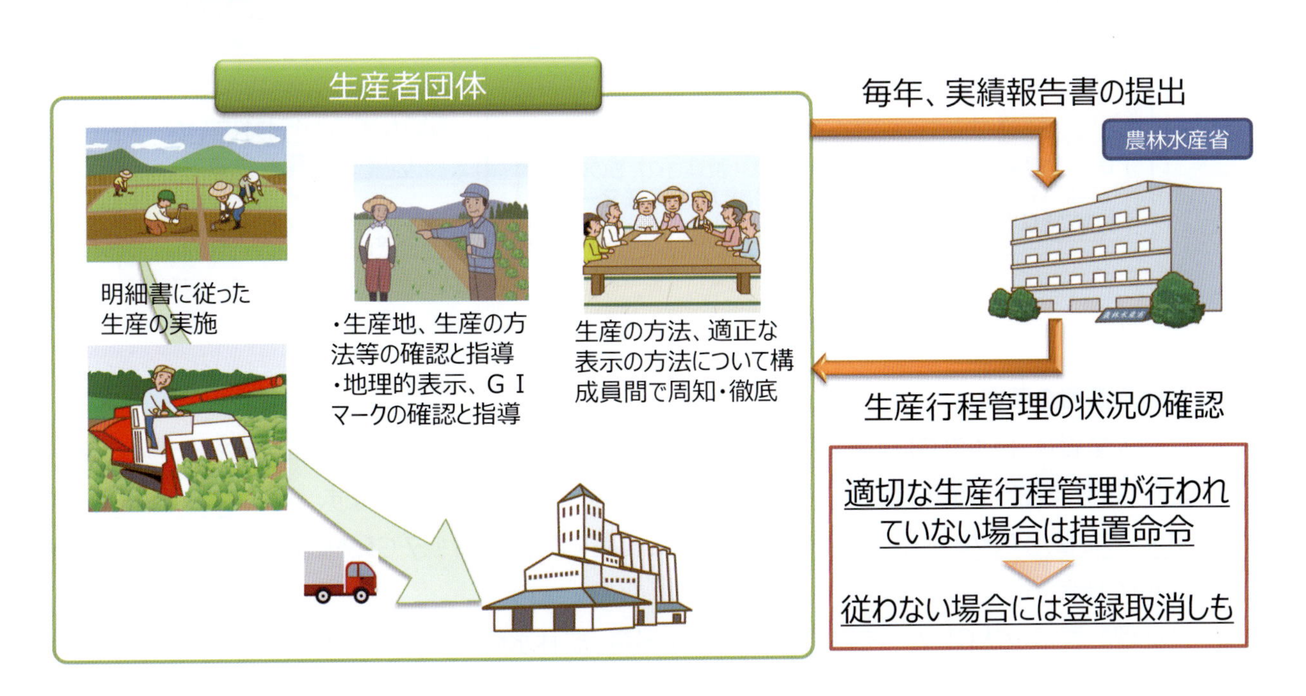

（3）流通事業者等の義務

地理的表示及び GI マークの貼付義務は、生産業者から GI 産品を購入する等により譲り受けた流通事業者等にも及びます。そのため、地理的表示を付して産品を流通させる場合には、併せて GI マークを付す必要があります。

<注意点>

なお、GI 産品を主な原材料として加工・製造された加工品には当該 GI 産品の名称を表示することが可能ですが、当該加工品自体は GI 法に基づく審査を経たものではないため、GI マークを付すことはできません。適切な表示が行われない場合は、農林水産大臣による措置命令の対象となり、命令に従わない場合には、罰則の対象となることもあります。

流通・販売事業者の義務

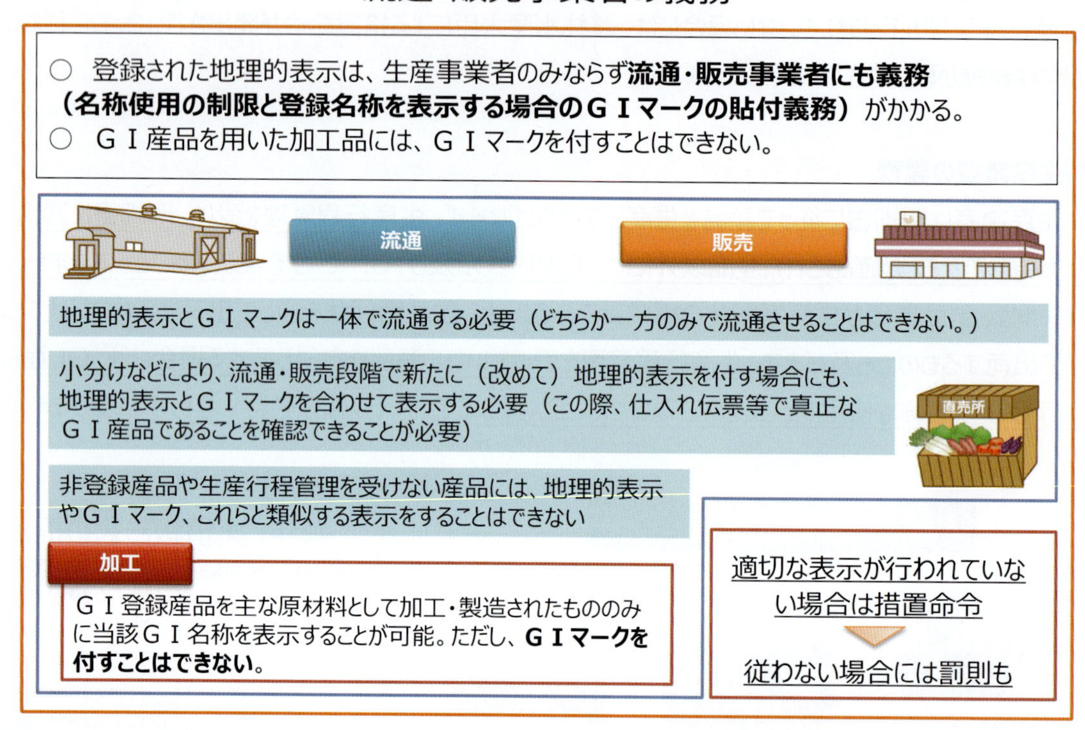

（4）輸入業者の義務

輸入業者が、日本で GI 登録又は GI 指定された産品を輸入し、国内で販売や陳列等を行う場合、我が国の GI 法に従い、適切に地理的表示及び GI マークを使用する必要があります。なお、GI 指定産品には GI マークは使用できないことに注意が必要です（GI 指定については、「1.7 GI 法に基づく海外との相互保護について」を参照）。

地理的表示及び GI マークを適切に使用しない場合、農林水産大臣による措置命令の対象となり、命令に従わない場合には、罰則の対象となることもあります。

5.2 地理的表示及び GI マークの表示ルール概要

GI 法に基づき登録された場合、当該産品はその包装・容器・送り状にその地理的表示及び GI マークを付すことができる者は制限され、その他の者は付すことができないこととなっています。地理的表示を GI 産品に付すことができるのは、以下の（1）及び（2）の要件を満たす場合のみです（GI 法第３条第１項）。なお、地理的表示を付す際には、併せて GI マークを付す必要があります（省略することはできません）。

なお、GI 法における表示規制の詳細については、農林水産省ホームページ「地理的表示及び GI マークの表示について」（http://www.maff.go.jp/j/shokusan/gi_act/gi_mark/index.html）をご参照ください。

農林水産省ホームページ
地理的表示及び GI マークの表示について

（1）地理的表示を付すことができる対象

① 登録を受けた生産者団体の構成員である生産業者が生産し、
② 登録基準を満たしている（登録を受けた生産者団体の生産行程管理を適切に受けたもの）農林水産物等又はその包装等であること。

（2）地理的表示を付すことができる者

（1）①の生産業者
（2）①の生産業者から直接又は間接に GI 産品を譲り受けた者（流通・小売業者等）

【地理的表示保護制度表示ガイドライン】

http://www.maff.go.jp/j/shokusan/gi_act/gi_mark/pdf/doc16.pdf

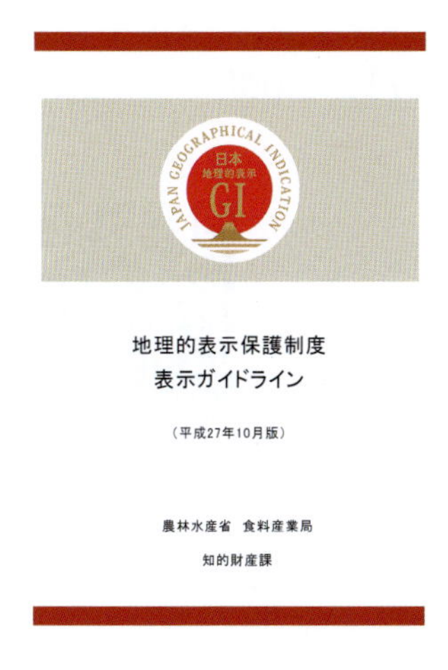

地理的表示保護制度
表示ガイドライン

（平成27年10月版）

農林水産省　食料産業局
知的財産課

5.3 広告やメニュー等における GI マークの使用

広告やメニュー等に GI マークを使用する場合には、「広告、インターネット販売、外食業等における GI マーク使用規程」に基づき、申請書を農林水産省に提出して、事前に許諾を受けてください。なお、GI 制度や GI マークを紹介するために広報誌等に GI マークを使用する場合（販売等の目的でなく、GI 産品を紹介する目的で記事等に使用する場合を含む）や GI マークが表示された GI 産品の写真や映像をそのまま使用する場合には許諾を受ける必要はありません。GI マーク使用許諾の手続の詳細については、農林水産省ホームページ上で公表されている「広告、インターネット販売、外食業等における GI マークの使用に関するガイドライン」をご参照下さい。

GI マークを広告やメニュー等に使用する際のルールは、①GI 産品そのものの PR・説明のために使用するのか、②GI 産品を原材料とした加工品・料理の PR・説明のために使用するのかによって異なります。

① GI マークを GI 産品そのものの PR や説明のために使用する場合

GI 産品そのものを PR・説明する場合には、GI マークを使用できます。この場合、GI 産品の名称と一体的に GI マークを使用することで GI 産品であることを明らかにする必要があります。

② GI マークを GI 産品を原材料とした加工品・料理の P R や説明のために使用する場合

GI マークを使用することができるのは、以下の２つの要件を満たす場合です（ただし、GI マークを加工品自体に直接使用することはできません。）。

（ⅰ）その加工品・料理に GI 産品が主たる原材料として使用されていること
（ⅱ）加工品・料理の名称に GI と同一の名称が含まれている（いわゆる冠表示）など、GI 産品を使用していることが製品のセールスポイントであること

なお、上記の要件を満たすことに加えて、GI マークと併せて、「GI 産品を原材料に使用しています」旨の説明文を表示する必要があります。上記①、②いずれの場合であっても、GI 産品と関係のないものが、GI 産品であるかのように誤解されることのないように GI マークを使用する必要があります。

【広告、インターネット販売、外食業等における GI マークの使用に関するガイドライン】

http://www.maff.go.jp/j/press/shokusan/chizai/attach/pdf/170719-1.pdf

5.4 登録免許税の納付

生産者団体は、登録を受けた後、登録免許税法（昭和 42 年法律第 35 号）その他関係法令に基づき、登録免許税を納付しなければなりません。登録免許税の税額等は以下のとおりです。なお、生産者団体を追加登録する場合も、追加された生産者団体は、同様に、登録免許税を納付する必要があります。

（1）登録免許税の税額

登録件数１件につき９万円です（登録免許税法別表第１第 87 号の２）。

（2）登録生産者団体が複数の場合

各生産者団体は、連帯して登録免許税を納付することになります。（なお、各登録生産者団体の負担割合は、民法の連帯債務に関する規定が準用され（国税通則法昭和37年法律第66号第８条）、各登録生産者団体間に特約があるときはそれにより、特約がないときで、共同事業等により受ける利益の割合が各登録生産者団体間において異なるときはその受ける利益の割合により、これによっても定まらないときは平等となります（国税通則法基本通達）。）。

（3）納付の方法

日本銀行（本店、支店、代理店、歳入代理店（郵便局を含む。））又は税務署において納付することができます。

（4）納付及び領収証書の提出の期限

登録があった日から１か月を経過する日までに納付し、審査要領別記様式 16 により、領収証書の原本を農林水産省食料産業局知的財産課に提出してください。

5.5 登録後に手続が必要になるケース

登録を受けると、生産者団体は自らが策定した生産行程管理業務規程に従って生産行程管理業務を行うことになります。登録後に、明細書や生産行程管理業務規程の内容を変更したり、生産行程管理業務を休止したりする場合などは所定の手続が必要です。詳細については、「地理的表示保護制度申請者ガイドライン（第２章 登録後の手続について）」をご参照ください。

＜登録後に手続が必要になる主なケース＞

（１）明細書及び生産行程管理業務規程に記載された「連絡先」を変更する場合
（２）登録生産者団体の名称等を変更する場合
（３）明細書の内容を変更する場合
（４）生産行程管理業務規程の内容を変更する場合
（５）生産行程管理業務を休止する場合

（1）明細書及び生産行程管理業務規程に記載された「連絡先」を変更する場合

明細書及び生産行程管理業務規程の「連絡先」に変更があった場合は、変更後の「連絡先」を記載した明細書・生産行程管理業務規程各２部を、農林水産省食料産業局知的財産課に提出します。

（2）登録生産者団体の名称等を変更する場合［GI 法第 17 条］

登録生産者団体の名称、住所、代表者の氏名に変更があった場合は、遅滞なく、GI 法第 17 条第１項の届出書（審査要領別記様式 30）を作成し、農林水産大臣に届け出ます。

届出書には、「作成者」の記載を変更した明細書・生産行程管理業務規程各２部を添付してください。

（3）明細書の内容を変更する場合［GI 法第 16 条］

明細書の「農林水産物等の名称」、「農林水産物等の生産地」、「農林水産物等の特性」、「農林水産物等の生産の方法」、「農林水産物等の特性がその生産地に主として帰せられるものであることの理由」、「農林水産物等がその生産地において生産されてきた実績」、「法第13条第１項第４号ロ該当の有無等」についての記載を変更する場合は、変更内容が登録事項に係る軽微な変更か否かで手続が異なります。

（ｉ）GI 法施行規則第 18 条に規定する軽微な変更にあたる場合

GI 法第 16 条第１項の変更の登録申請の申請書を作成し、登録申請を行います。変更申請の公示後、変更内容を登録します（意見書の受付及び学識経験者からの意見聴取の手続はありません）。

※ 軽微な修正とは、GI 登録後に行政区画の変更等があった場合等を指します（GI 法施行規則第 18 条参照）。

（ⅱ）（ｉ)以外の場合

GI 法第 16 第１項の変更の登録申請の申請書を作成し、登録申請を行います。

変更申請登録手続は、以下のとおりです。

変更申請の公示→意見書受付手続→（現地調査）→（内容補正の機会あり：審査要領別記様式 28）→学識経験者からの意見聴取→変更の登録

（4）生産行程管理業務規程の内容を変更する場合［GI 法第 18 条］

生産行程管理業務規程の記載（「作成者」及び「連絡先」を除く。）を変更する場合には、その記載の変更をする前に、農林水産大臣に届け出て、確認を受ける必要があります。

（5）生産行程管理業務を休止する場合［GI 法第 19 条］

生産行程管理業務を休止する場合には、休止をする前に、農林水産大臣に届け出る必要があります。生産行程管理業務を休止すると、休止をした登録生産者団体の構成員である生産業者は、登録された地理的表示と GI マークを使用することはできなくなります。なお、生産行程管理業務を再開する場合には、再開する前に、その旨を届け出てください。

5.6 GI 法に基づく登録の失効及び取消

GI 法に基づき登録された産品は、上述の通り、GI 法による保護の対象となり、その期間に制限はありませんが、以下の要件に該当した場合には失効又は取消の対象となります。

（1）登録の失効［GI 法第 20 条］

- 生産者団体が解散し、その清算が終了したとき
- 生産者団体が生産行程管理業務を廃止したとき

※ 複数の生産者団体が存在する場合、登録が失効するのは解散又は生産行程管理業務を廃止した生産者団体に係る部分に限られます。

（2）登録の取消し［GI 法第 22 条］

- 生産者団体に該当しなくなったとき
- 生産者団体の役員等が GI 法の規定により刑に処せられ、その執行を終わり、又は執行を受けることがなくなった日から２年を経過しないとき
- 生産者団体が措置命令に違反したとき
- 不正の手段により登録を受けたとき
- 登録産品が特定農林水産物等でなくなったとき
- 登録産品の名称が普通名称になったとき又は当該名称から産品が特定できなくなったとき
- 登録産品の名称と同一又は類似の商標権者等がその承諾を撤回したとき

6

地理的表示保護制度申請マニュアルQ&A

6　地理的表示保護制度申請マニュアル　Q＆A　一覧

（１）名称

Q１． 名称中に「商紋（屋号紋）」を含めることは可能でしょうか。

A１． GI 法では、地理的表示とは、特定農林水産物等の名称の表示をいうとされています。

一般に、名称とは「呼び名」を、屋号は「商店の呼び名」を指すため、屋号を名称中に含めることは問題ありませんが、「紋」は模様あるいは印を指す言葉であるため、原則として「紋」を名称として扱うことは不適当と考えます。ただし、特定の「屋号紋」が、伝統的に特定の呼び名として扱われており、需要者にも広く認識されていることが明らかな場合には、例外的に屋号紋を名称の一部として扱うことも考えられます。

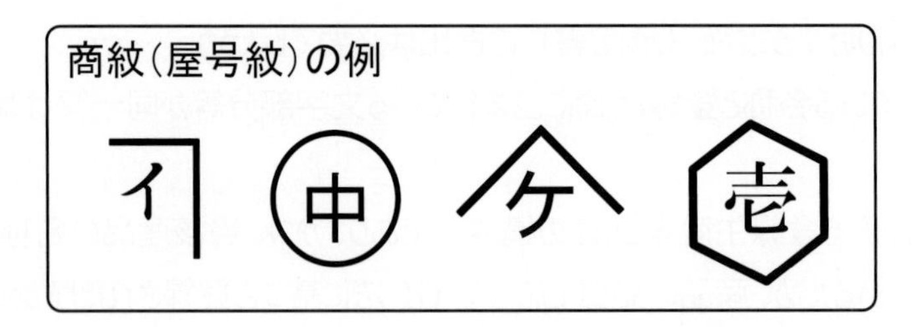

Q２． 申請農林水産物等の名称が動物又は植物の品種名と同一の名称の場合登録は可能ですか。

A２． 申請農林水産物等の名称が、動物又は植物の品種名と同一又は類似の名称であって、申請農林水産物等の生産地について需要者に誤認を生じさせるおそれがあるものは登録できません。

具体的には、①当該種苗等の名称が、既に地域で定着している農林水産物等の名称に由来するのか、②種苗会社等が品種開発を行い、当該品種名称が農林水産物等の名称として定着したのかといった点を考慮して判断されるため、名称が種苗のブランド名として認識されているような場合は登録できないこととなります（審査要領別添３名称審査基準参照）。

Q３． 一つの申請において複数の名称を申請できるのはどのような場合でしょうか。

A３． 一つの農林水産物等について、同一のものとして需要者に広く認知されている名称が複数存在する場合は、複数の名称で申請することが可能です。例えば、「○○ビーフ」について、「○○肉」や「○○牛」を併せて申請するケース等が想定されます。

なお、社会通念上同一と見なされる名称の表示については規制の対象となるため、複数の名称を申請する必要はありません。社会通念上同一とみなされる表示には、登録名称の音を平仮名、片仮名、訓令式若しくはヘボン式ローマ字又は漢字を用いて表示する場合のほか、異体字、旧字体、旧仮名づかいなどを使用して表示する場合も含みます。

留意すべき点としては、「りんご」を「RINGO」と表記する場合は同一となりますが、「りんご」を「apple」と表記することは、国内登録の場合には、翻訳に該当するため同一とは扱われません。

ただし、外国との地理的表示の相互保護を内容とする条約等の国際約束に基づき海外の産品を指定する場合には、当該産品の翻訳名称を指定せずとも当該翻訳名称は保護されます。

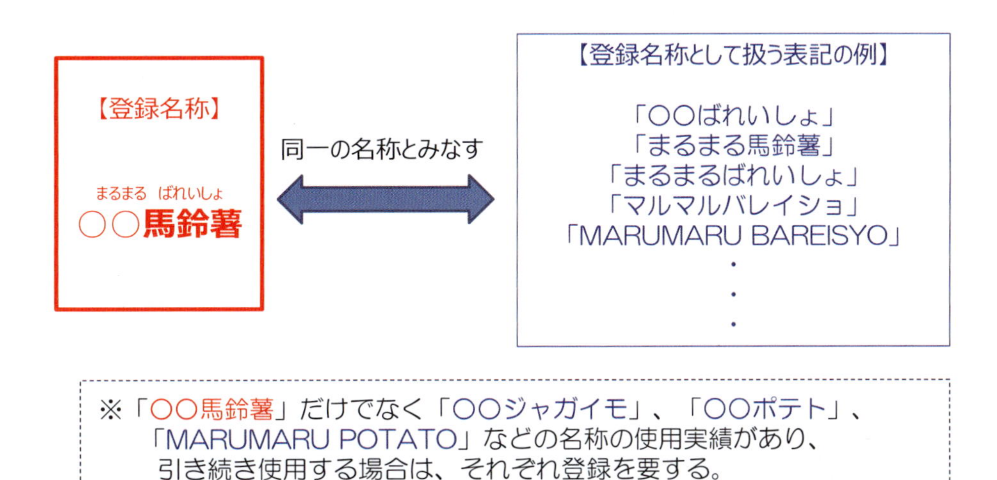

Q４． 新開発の産品やこれからブランド化を行う産品は登録可能でしょうか。また、名称の使用実績は概ね 25 年間必要でしょうか。

A４． 登録できる産品は、概ね 25 年以上の生産実績が必要ですので、これから開発される産品は対象となりません。登録される産品はその名称から当該産品が特定できなければなりませんので、これからブランド化を行うような、現時点で使用実績がないものも登録の対象とはなりません。

また、名称の使用実績についてですが、審査要領別添３名称審査基準では、申請農林水産物等の名称は、申請農林水産物等の名称として使用されてきた名称であって GI 法第２条第２項各号に掲げる事項を特定できる名称であれば足るとされています。

これは当該名称の使用実績が必要である旨を規定したものですが、需要者等が当該名称から申請農林水産物等の生産地・特性を特定できればよく、当該名称の使用期間に特定の基準を要求しているわけではありません。

Q５． 名称に含まれる地名が指し示す地理的範囲と産品の生産地とは、一致している必要がありますか。

Ａ５． 地名を含む名称の場合、その地名が指し示す地理的範囲と産品の生産地とは、必ずしも、一致している必要はありませんが、この場合でも産品の生産地等を特定することができない名称は使用出来ません。

登録産品の生産地の例

	名称が示す地理的範囲より生産地が広いケース	名称が示す地理的範囲より生産地が狭いケース
産品名	三輪素麺	みやぎサーモン
名称が示す地理的範囲	奈良県桜井市三輪地区	宮城県
生産地	奈良県	宮城県石巻市・女川町・南三陸町・気仙沼市

（２）申請区分

Q６． 申請書における「農林水産物等の区分」について、区分を複数記載できるのはどういう場合ですか。

Ａ６． 通常の登録申請においては、一つの申請では、一つの農林水産物等の区分しか記載できませんが、以下の要件に全て該当する場合には、複数の区分を記載できます。

・ いずれの区分においても同一の名称であるとき

・ 一貫した特性を有している場合であって、需要者に一体の農林水産物等として認知されているとき

・ 区分ごとの申請が同一の申請者により行われるとき

（例）

① 収穫した野菜について、通常、生産業者が乾燥させてから出荷するが、一部青果のまま出荷することがあるとき

【第２類　野菜類」と「第 17 類　野菜加工品類（乾燥野菜）】

② 漁獲した魚介類について、通常、生産業者が塩蔵させてから出荷するが、一部鮮魚のまま出荷することがあるとき

【第 10 類　魚類」と「第 24 類　加工魚介類（塩蔵魚介類）】

③ 野菜であり、食用に供されることもあるが、主に観賞用に利用される農林水産物等であるとき

【第２類　野菜類」と「第 33 類　観賞用の植物類】

Q７. 観賞用の野菜や果物等はどの区分で申請すべきでしょうか。

A７. Ｑ６を参照してください。

Q８. 品質保持のために冷凍・冷蔵等を行う場合も加工品と扱われますか。

A８. 「製造」とは、原料として使用したものと本質的に異なるものを作り出すことを指し、「加工」とは、材料の特性は保持させつつ、新しい属性を付加することを指します。ここでいう「加工」には、特定農林水産物等の特性が維持され、本質的な変更を来していないものは含みません。

具体的には、専ら産品の品質保持のために行われる行為（非食用部分の除去、オゾン水殺菌、冷凍・冷蔵等）、産品の利用のために最低限必要と認められる行為（下処理（魚の皮や内臓の除去、工芸農作物の乾燥等）、切断（部分肉への分割、魚や野菜の薄切り等）、小分け包装、流通・小売過程での熱処理（塩ゆで、塩焼き等）等）は原則として「加工」には該当しないと判断されますが、「加工」に該当するか否かは個々の特定農林水産物等の特性により判断される面もあるため、特性によっては異なる区分に属するものとして「加工」に該当すると判断されることもあります。

なお、要領上は、申請農林水産物等が流通・小売過程で複数の形態をとる場合であって、同一の名称かつ一貫した特性を有しており、流通・小売過程の需用者等において一体の農林水産物等として認知され、かつ、区分ごとの申請が同一の申請者により行われる場合に複数区分で申請することは可能とされています。そのため、これに該当する場合は複数区分で申請するほうが望ましいと考えます（審査要領別添１第１の４参照）。

（３）特性

Q９. 高品質のものしかGIとして登録できないのでしょうか。

A９. GI法上、特性とは、品質、社会的評価その他の確立した特性をいうとされています。ここでいう品質、社会的評価は例示であって、同種の農林水産物等と比較して差別化された特徴として客観的に説明でき、かつ、当該特性が産品の生産地に主として帰せられるものであれば、品質、社会的評価でなくとも総合的に判断して特性となり得ます。このため、同一種の産品のうち、高品質なものしか登録できないわけではありません。

なお、産品の特性が、申請農林水産物等の一部である特級品の評価しか表さず、申請農林水産物等全体に係る特性でない場合には、そのような特性は特定農林水産物等の特性とはいえません。

Q10. 上位品質のものだけを登録することは可能でしょうか。

A10. Ｑ９を参照してください。

Q11. 「安全性」や「安心・安全」を特性とすることができますか。

A11. 食用農林水産物の場合、安全であることが大前提ですので、それ自体は特性とはなりえませんが、科学的データ等により、同種の農林水産物等と比較して差別化されている要因が明らかであり、かつ、その特性を有した状態で概ね25年間の生産実績があれば特性となり得ます。

ただし、単に、農薬や食品添加物を使用しない、または、使用量を低減したことにより、当該残留物が少ないというのは、産品と生産地の結び付きを説明するものではないため、差別化された特徴には該当しません。

同様の理由で、法令等を遵守した結果発現する特徴も差別化された特徴には当たりません。（「法令が定める使用基準を遵守しているため、安全性が高い○○である。」といった表現は特性とは扱われません）。ただし、地域を挙げて、そのような取組を行い、それにより社会的評価が高まり取引価格が上昇したといったケースであれば、特性としての「社会的評価」となり得ますが、その特性を有した状態で概ね 25 年間の生産実績が必要です。

Q12. 特性としての社会的評価としてはどのようなものが考えられますか。

A12. 特性としての社会的評価というためには、過去にニュースで取り上げられたことがあるといった一時的なものでは不十分であり、需要者に申請産品の産地や品質等が評価され、その評価が確立しているといえる根拠が必要です。

社会的評価の説明として考えられるものとしては、①全国規模の品評会（当該品評会自体の評価が確立していることが必要）における複数回の表彰歴（専ら産品の品質について審査するものや受賞理由において、産品の品質が評価されているものがある場合）、②中央卸売市場等の関係者による評価（同種の産品との比較）がある場合、③差別化された品質等の特徴が記載された学術論文、④同種産品の発祥の地であるといった歴史的評価がある場合等が考えられます。

Q13. 品質基準や生産方法を変更した場合、新たに概ね 25 年の生産実績が必要でしょうか。

A13. 途中で品質基準等を緩和することにより、それまでの特性の説明を満たさない産品が含まれることになる場合には変更の時点から概ね 25 年間の生産実績が必要です。

なお、特性に直接関係のない変化・変更の場合や、変化・変更の後も特性を十分に満たしているような場合（途中でより厳しい品質基準に移行した場合）は、従前の特性は引き継がれていると考えられるため問題ありません。

（４）生産地

Q14. 一つの産品について、地域内にある複数の団体が共同で申請する際、生産地はどのように記載すればよいでしょうか。

A14. 下図のように、一つの産品の生産地域（Ａ県Ｂ市）において、複数の団体が存在し、隣接しているなどそれぞれの地域に重複がない場合、生産地の範囲については、次のとおり記載することが可能です。

【申請書】「生産地の範囲：Ａ県Ｂ市」

【Ｙ農協が作成する明細書】「生産地の範囲：Ａ県Ｂ市Ｙ地区」

【Ｚ農協が作成する明細書】「生産地の範囲：Ａ県Ｂ市Ｚ地区」

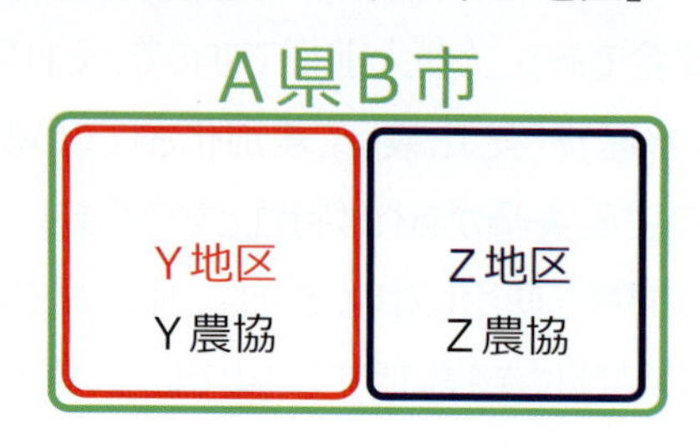

Q15. 原材料までその産地で生産される必要がありますか。

A15. その必要はありません。登録可能な産品は「生産」されたものである必要がありますが、GI 法上「生産」とは、産品が出荷されるまでに行われる一連の行為のうち、産品に特性を付与又は当該特性を保持するために行われる行為をいいます。

そのため、例えば、原料を加工することにより産品の特性が付与又は保持されるのであれば、当該加工地が生産地となり、原材料の原産地は問いません。

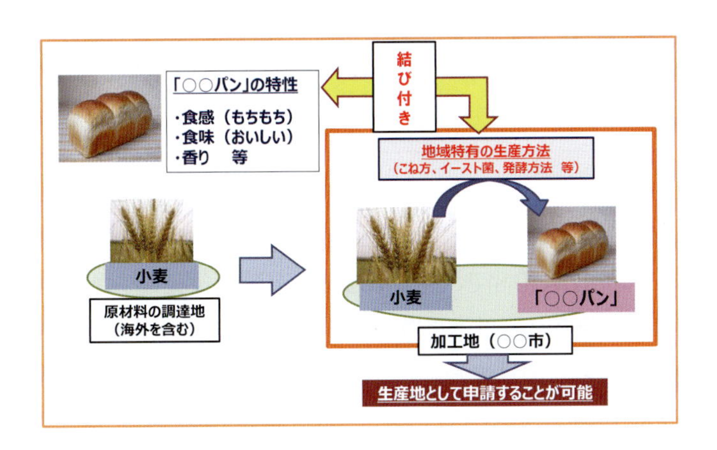

Q16. 生産地の範囲が複数に分かれている場合（飛び地）も登録は可能ですか。

A16. 生産地の範囲は、生産が行われている範囲、特性に結び付く自然的条件を有する地域の範囲、生産業者の所在地の範囲等を総合的に考慮するものとされています（審査要領別添４第１参照）。そのため、飛び地であってもそれが生産地の範囲として適切であるとの説明ができるのであれば登録は可能です。

Q17. 産品の最終的な加工地が飛び地になっている場合も登録が可能ですか。

A17. Q16 を参照してください。

Q18. 登録する生産地は、生産行程の最終地である必要はありますか。

A18. 特性が付与される生産行程が行われる生産地であればよく、その後に行われているのが特性に無関係であれば、その地域を生産地として記載する必要はありません。具体的には、伝統的な製法が特性である加工品について、加工終了後に、別の地域で最終包装が行われる場合には、生産地として記載する必要はありません。但し、そのような行程も生産行程の一部なので、生産行程管理業務規程には含める必要があります。

（５）生産の方法

Q19. 種苗法の品種登録を行っていない品種を生産方法に記載できますか。

A19. 種苗法に基づく品種登録がなされていなくても、同法第２条の品種の定義を満たしていれば、「品種」として記載することが可能です。

> 【種苗法　第２条】
> 第２項　この法律において、「品種」とは、重要な形質に係る特性（以下単に「特性」という。）の全部又は一部によって他の植物体の集合と区別することができ、かつ、その特性の全部を保持しつつ繁殖させることができる一の植物体の集合をいう。

Q20. 共同申請において、二つの団体の間で、生産の方法の出荷基準に違いがある場合でも申請できますか。

A20. 共同申請において、団体間の出荷基準に違いがある場合であっても、各団体が作成する明細書における出荷基準が、申請書における出荷基準と同一又はより厳しい基準となっているのであれば問題ありません。

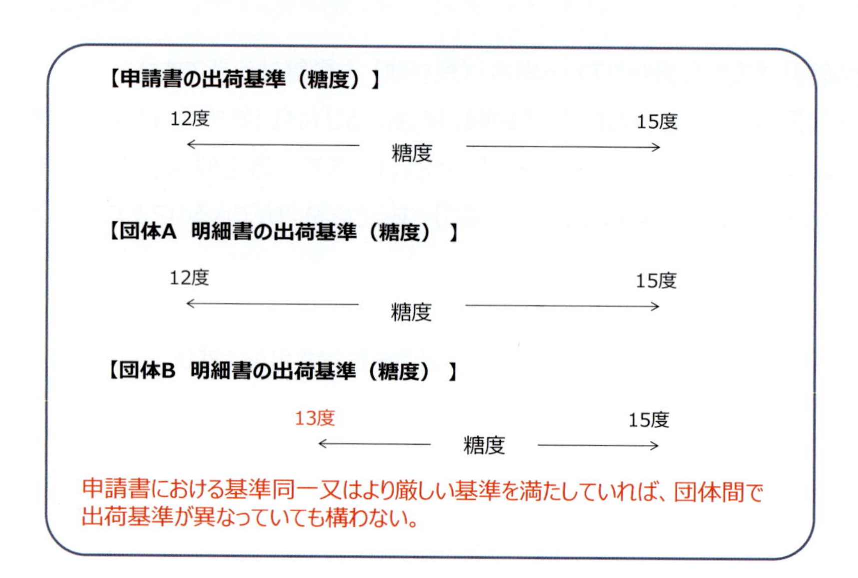

Q21. 生産方法を変更した場合、新たに概ね 25 年の生産実績が必要でしょうか。

A21. （３）特性Ｑ４を参照してください。

（6）生産者団体

Q22. 同一産品について、生産者団体が複数ある（使用名称が同一で、生産地が同一又は重複・隣接関係にある。）場合、①単独で申請することは可能でしょうか。②連携して申請するには、どのように申請すればよいでしょうか。

A22.

① 同一産品について、生産者団体が地域の生産業者全てを網羅していない場合、その名称から当該産品を特定できないおそれがあることから、生産シェアや流通の実態等を踏まえて審査され、場合によっては、登録の拒否や留保付登録となることもあり得ます。

② 複数の生産者団体が連携して申請する方法については、いくつかの方法がありますので、各生産者団体の実態などを考慮して選択してください。

＊A 団体、B 団体の2つの生産者団体が存在する場合

1）A 団体、B 団体が共同で申請する

「明細書」は、A 団体とB 団体それぞれが作成する。生産の地域、生産の方法に違いがある場合は、異なる箇所を「明細書」に明記する。

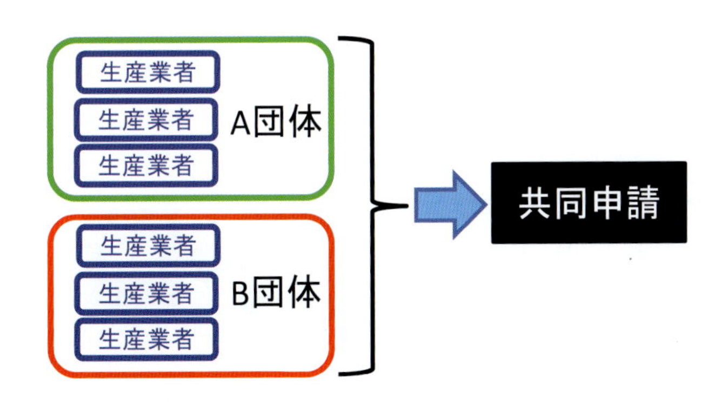

2）A 団体、B 団体を構成員とする団体が申請する（連合会、中央会等の上部団体が申請するケース）

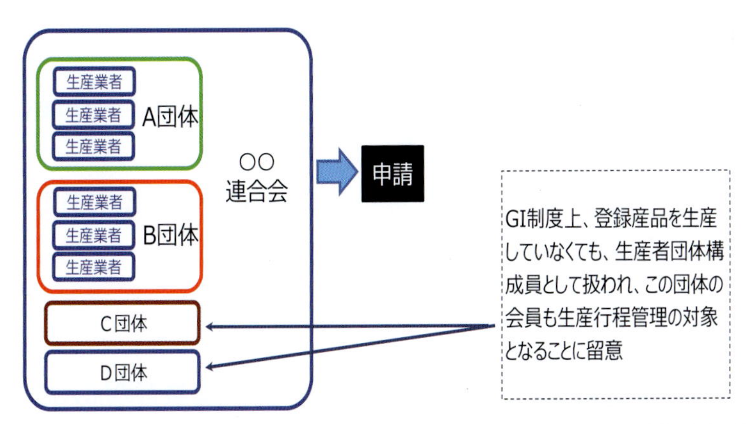

連合会等の組織でも申請が可能ですが、登録産品に関係のない構成員が多数存在する場合は注意が必要です。制度上、生産者団体の構成員は全て「生産行程管理」の対象とみなされるため、生産地域の範囲との兼ね合い等を考慮して検討し、場合によっては、登録産品の生産に関係する団体を中心に協議会等を組織する方が好ましい場合もあります。

3）A 団体、B 団体を構成員とする新たな団体を組織し申請（例：法人格を持たない協議会）

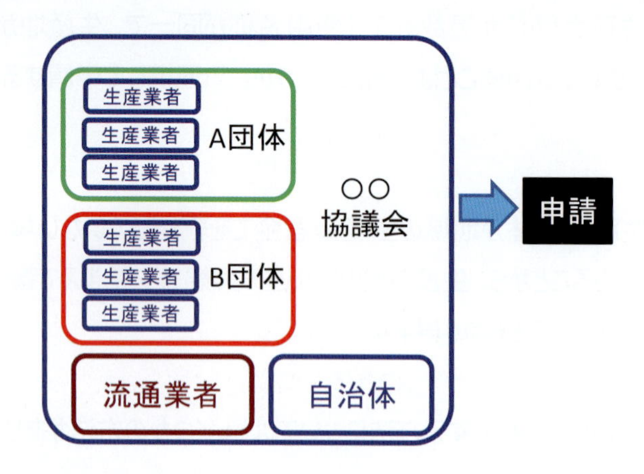

4）共同申請とせず、生産者団体を追加する変更の登録による個別申請

複数の団体が存在する場合、共同申請等により全ての団体が登録生産者団体となることが望ましいですが、A 団体、B 団体が共同して申請することが困難な場合、先行的にある程度のシェア等を有する一方の団体のみで登録申請し、登録された後、もう一方の団体が当該登録について、団体を追加する「変更の登録」申請を行うことが可能です。

例えば、知的財産保護の観点から申請を急ぎたいが、一部の団体において、生産行程管理業務の構築が進んでおらず、それを待っていると全体の申請が遅れてしまうケースではこのような手法が有効です。

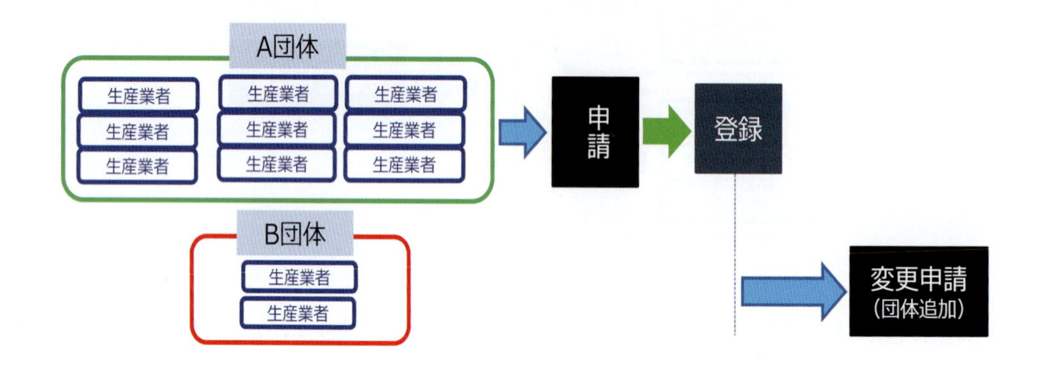

Q23. 生産業者が、生産者団体を組織しなくても、自身の生産行程に対する「生産行程管理業務」を第三者機関に委託すれば、生産業者自身が申請者となることができますか。

A23. できません。申請者は生産業者を直接又は間接の構成員とする団体であることが必要です。そのため、特定の企業等の生産業者が申請主体となることは認めていません。

Q24. 生産業者が申請団体の間接構成員である場合において、生産業者の加入の自由は直接の構成員である特定の団体にのみあればよく、申請団体に加入の自由に関する規定はなくてもいいのでしょうか。

A24. GI 法では、生産者団体は、正当な理由がないのに構成員たる資格を有する者の加入を拒み、又はその加入につき現在の構成員が加入の際に付されたよりも困難な条件を付してはならないとされています。そのため、申請団体の直接の構成員は団体に限るとされている場合、直接構成員として団体が追加で加入できる旨の規定は必要ですが、個人の資格で直接の構成員となることを禁じることは現在の構成員が加入の際に付されたよりも困難な条件を付すことにはならないため問題ありません。

Q25. 申請団体の非構成員が生産したものであっても、明細書の適合性が確認された産品であれば、地理的表示及び GI マークを付すことはできますか。

A25. GI 法上、産品に地理的表示及び GI マークを付すことができるのは生産者団体の構成員である生産業者及び当該生産業者から当該産品を直接又は間接に譲り受けた者に限られ、非構成員が生産したものに地理的表示及び GI マークを付すことはできません。

（7）生産行程管理業務

Q26. GI 法第２条第６項第２号における「必要な指導、検査その他の業務」とは何を指すのでしょうか。

A26. 生産者団体が行う指導、検査その他の業務とは、生産者団体が、その構成員たる生産業者の事務所、倉庫、ほ場等において、生産方法の確認や農林水産物等の検査を行うこと、特定農林水産物等に適切に地理的表示や GI マークが付されていることについて確認を行うこと、生産業者に生産基準や適切な地理的表示やGIマークの使用方法等を遵守させるために栽培又は出荷前に定期的に講習会を開催すること等をいいます。

Q27. 生産行程管理業務は、全て登録団体が行わなければならないのでしょうか。

A27. 生産行程管理業務についてはその全部又は一部を登録団体以外の第三者が行うことも可能ですが、生産行程管理業務の実施能力を有する者に委託する必要があり、生産行程管理業務規程において委託した第三者が行う内容を記載しなければなりません。

また、仮に、委託した第三者が適切に生産行程管理業務を行わない場合にはGI法に基づく措置命令の対象となり、同命令に従わない場合には登録の取消しの対象となることに留意が必要です。

Q28. 第三者に生産行程管理業務を委託できるのは、どういう場合ですか。

A28. 委託の範囲について法令上特段の定めはありませんが、GI 法施行規則で定める基準に適合した内容を実施可能な団体でなければなりません（GI 法施行規則第 15 条参照）。なお、その場合でも生産者団体は第三者が実施する生産行程管理業務が適正に行われていることを検証し、最終的な生産行程管理業務規程遂行の責任を負います。

Q29. 生産者団体が「生産行程管理業務」の一部または全部を外部機関に委託する場合、外部機関が備えなければならない要件は何でしょうか。

A29. Q27、28 を参照してください。

Q30. 登録産品を集荷する農協等に地理的表示やGIマークの貼付を委託することはできますか。

A30. Q27、28を参照してください。

Q31. 地理的表示を付すことができる「登録産品を主な原材料として使用した加工品」（登録に係る特定農林水産物等を主な原料若しくは材料として製造され、若しくは加工された農林水産物等）について、① どのような行為が「製造」又は「加工」に該当しますか。② 登録産品の原材料に占める割合に定めはありますか。

A31.

① （2）申請区分 Q8を参照してください。

② 加工品に地理的表示を付すことができるのは、登録産品が主な原材料として使用されている（当該加工品に登録産品の特性を反映させるに足りる量の登録産品が原材料として使用されている）場合です。

この「登録産品の特性を反映させるに足りる量」とは、

（ア） 加工品の全体重量に占める割合

（イ） 加工品の原材料のうち、登録産品と同一の種類の原材料に占める割合

が基準となります。

（ア）については、加工品の種類と登録産品の性質に応じて、適切な割合は異なります。

（イ）については、登録産品と同一の種類の原材料のうち、半量を下回る場合であっても、特性を反映させるに足りると認められる場合は当該加工品に地理的表示を付すことができる場合があります。

（8）表示関係

Q32. GI産品の名称と同一又は類似の名称とはどのような名称ですか。

A32. GI法第3条及び第5条に規定する「地理的表示又はこれに類似する表示」とは、それが付された農林水産物等がGI法第6条の登録を受けた特定農林水産物等と誤認混同させる表示をいいます。具体的には、下記ア及びイの例は地理的表示と同一の表示と、下記ウからカの例は地理的表示に類似する表示と考えられます。

なお、文字の構成上は地理的表示と紛らわしい表示であっても、当該表示が付された農林水産物等が同種の農林水産物等と比較して差別化された特性を持ち、その特性と法第6条の登録を受けた特定農林水産物等の特性が各々明確に区別され、商取引上も明確に区分されるなど識別が容易であると客観的要素から需要者等が判断可能である場合や原産地表示の一環として行われることが明らかな場合等もあることに留意が必要です。

ア 登録名称の音を平仮名、片仮名、訓令式若しくはヘボン式ローマ字又は漢字を用い相互に変換した表示

イ 登録名称の前後に登録産品の生産地を含む県名等や等級などの修飾語を付した表示

ウ 登録名称を分断するように何らかの文字等を挿入した表示

エ 全体の称呼や外観が酷似しており、登録名称を表したものと誤認するおそれを招来する表示

オ　普通名称に加え括弧書きで登録産品の生産地に係る地名を付した表示
カ　登録名称の全部又は一部を翻訳した語の音を平仮名等に変換した表示

Q33. GI 登録した際に登録された名称と GI マークを表示すれば、類似の商品名を合わせて表示することは可能ですか。

A33. 登録された産品の名称・GI マークと併せて各生産業者の屋号などを表記することは可能です。ただし、GI 法上、登録団体の構成員であっても類似名称を使用することはできないとされているので、登録産品の類似名称と考えられる名称を登録産品の名称と併せて使用した場合には、その表示の態様によっては措置命令の対象となることもあり得ます。Q32 も参照してください。

Q34. 地理的表示に図形を組み合わせて使用することや、地理的表示を特殊な字体で表示することは可能ですか。

A34. 実際の表示の態様次第ですが、地理的表示・GI マークの他に図形を付すことや地理的表示に特殊な字体を用いることは可能と考えます（Q32・Q33 を参照してください）。

Q35. 食品表示法等に基づく原産地表示は、地理的表示の使用規制の対象となるのでしょうか。

A35. 法令の規定に基づき農林水産物等の原産地を表示する場合は、原則として、地理的表示又はこれに類似する表示には該当せず、規制対象となりませんが、原産地の表示が、その表示を付された商品が登録産品であると需要者に誤認を生じさせる方法で行われる場合には規制対象となることがあります。

例えば、「○○りんご」という地理的表示が登録を受けている場合に、「産」の文字を著しく小さく表示した上で「○○産りんご」として表記することなどが考えられます。Q32 も参照してください。

Q36. 登録産品のカタログや広告、レストラン等におけるメニューに地理的表示や GI マークを表示することはできますか。

A36. 現行の GI 法上、広告やメニュー表示等サービス分野における地理的表示・GI マークの使用に関する規定はありません。しかしながら、登録された産品以外の産品に登録名称を使用することは、当該産品の名称が商標登録されている場合は商標法に基づく差止請求等の対象になり得るほか、不当景品類及び不当表示防止法（昭和 37 年法律第 134 号）等の規定に抵触するおそれもあります。

農林水産省では、広告やインターネット販売等に係る GI マークの使用等に関するガイドライン（「広告、インターネット販売、外食業等における GI マークの使用に関するガイドライン」）を設けていますのでそちらも御確認ください。

なお、農林水産省では、平成 29 年 12 月上旬の日ＥＵ・ＥＰＡ交渉の妥結を踏まえ、GI 産品へ地理的表示を付す場合だけでなく、広告等のサービス的な使用も規制の対象とする方向で GI 法の改正を検討しています。

Q37. 地理的表示の登録を受けた農林水産物等を使用した加工品にGIマークを付して、他の商品との差別化を図ることはできますか。

A37. できません。GI マークは登録された産品に付されるものですので、加工品として登録されていない産品にGI マークを付すことはできません。

Q38. 他のロゴマーク（例：地域のご当地キャラクター）と、GI マークを組み合わせて使用することはできますか。

A38. ロゴマークは一種の屋号紋と考えられるため、地理的表示・GI マークを覆い隠すこと等がなければ原則として可能と考えます。

Q39. 地理的表示若しくはこれに類似する表示又は登録標章を「付する」とは具体的にどのような行為を指すのでしょうか。

A39. GI 法第３条及び第４条でいう「付する」行為とは、GI 法第６条の登録を受けた特定農林水産物等の名称を直接印刷、刻印することのほか、当該名称を印刷したシール等を付すことや当該特定農林水産物等の陳列棚に当該名称を記載した値札等を置くことも含みます。

なお、GI 法第３条及び第４条においては、地理的表示又はGI マークを付す者は生産業者とされていますが、ここでいう生産業者には、登録生産者団体の構成員である生産業者から、その生産に係る特定農林水産物等に地理的表示又はGI マークを付すことを委託された者も含まれます。

Q40. 登録産品に地理的表示を付すことができるのは誰ですか。

A40. Q25 を参照してください。

Q41. 単色の GI マークは使用可能でしょうか。

A41. GI 法施行規則では、GI マークに使用することができる色は規定しており、食品衛生上の事情その他の事情から他の色とすることが相当であると認められる場合は、当該他の色でも可とされています。

今後、広く GI 制度の普及を進めていく意味でも、「その他の事情」には、食品衛生上の事情のみならず、事業者の経済的な事情等も含むことが適当と考えられます。そのため、GI マークとしての識別性を失わせるような色使いでない限り、色の使用については柔軟に解釈することが可能ですので、農林水産省食料産業局知的財産課に御相談ください。

（９）先使用

Q42. GI 法第３条第２項第４号でいう「不正の利益を得る目的、他人に損害を加える目的その他の不正の目的」とは具体的にはどのようなことを意味するのでしょうか。

A42. GI 法第３条第２項第４号でいう「不正の利益を得る目的、他人に損害を加える目的その他の不正の目的」とは、図利目的・加害目的のほか、公序良俗や信義則に反する目的一般をいいます。

具体的には、ある農林水産物等について生産、販売を行い、その後、当該農林水産物等と同一又は類似名称を有する GI 法第６条の登録を受けた特定農林水産物等の生産者団体に対して先使用による地理的表示の使用を止めるために高額の見返りを求める場合、生産者団体の構成員など特定農林水産物等について GI 法第７条に基づく申請が行われることを知り得る立場にあった者が先使用者の地位を得て当該特定農林水産物等のブランド価値に便乗する場合、GI 法第８条又は第 24 条に基づく特定農林水産物等に係る公示開始後に販売等を開始したことをもって先使用者としての地位を主張する者が、当該特定農林水産物等のブランド価値に便乗する場合等は不正の目的があると判断されます。

なお、GI 法第３条第２項第４号は業務としての継続性を要求しているため、先使用として認められるためには、反復・継続性が必要です。

（10）商標

Q43. 申請した産品の名称と同一又は類似の商標が出願・登録されている場合の取扱いはどのようになりますか。

A43. 商標権は、登録商標を独占的に使用する権利（専用権）と他人の使用を禁止する権利（禁止権）があり、禁止権の範囲は、類似する商標、類似する指定商品又は指定役務の範囲についてまで及ぶとされます。

GI 法では、申請産品と同一又は類似する商品を指定商品又は指定役務とする申請産品の名称と同一又は類似の登録商標がある場合（GI 法第 13 条第１項第４号ロ）は原則として登録拒否事由に該当するとされていますが、これは既登録商標の効力を不当に制限しないように調整しているためです。そのため、ここでいう「類似」とは、商標側から見た「類似」を指し、申請された産品の名称について既登録商標の効力（禁止権）が及ぶか否かを判断すること、つまり、既登録商標権者が申請農林水産物等の名称と同一・類似の文字部分について他人の使用を排除する権利を有しているか否かを基準に審査されます。

商標制度における商標の類否の判断は、商標全体を観察し比較するのが原則ですが、その構成態様に応じて構成中の一部分（商標の要部）を比較することも許容されています。したがって、文字と図形からなる結合商標等の場合には、当該商標の構成中の文字部分のみを抽出して比較する場合も多くあります。この場合の判断の材料となるのが、当該文字部分自体が識別力を有するか否かという点です。例えば、産品の一般名称、地名や品種名等については、その語自体で自他商品の識別標識として機能しない語であり、識別力を有さないと判断するのが原則となります。

そのため、申請した産品の名称と同一又は類似の文字を含む商標が登録されている場合、GI 法に基づく審査においては原則として以下のとおり判断されます。

ア 「地名＋産品の一般名称（例：○○みかん（○○は地名））」で構成される地理的表示と、「地名＋産品の一般名称」を含む結合商標は、原則として、非類似と判断されます。

※ 著名商標や地域団体商標を除き、「地名＋産品の一般名称」からなる文字は識別力がないものとして取り扱われるため。

イ 「地名＋産品の一般名称」のみで構成されてない地理的表示（例：○○△△ホタテ。○○は地名。△

△は図形や文字）と、それと同一又は類似の文字を含む結合商標については、その構成によっては、類似と判断される可能性があるため、審査の過程において必要に応じ農林水産省から特許庁へ照会がなされます。なお、商標が出願中であって登録されていない場合は、商標との類似に関すること以外の部分の審査を先行して進めることとされています（審査要領第２の１（４）オ参照）。

Q44. GI 法に基づき産品が登録された後に、出願し登録となった当該産品の名称と同一又は類似の商標（当該産品の名称を表す文字を含む結合商標等）を使用する場合はどのような扱いになるのでしょうか。

A44. GI 法に基づき登録された後に、出願し登録となった当該登録産品の名称と同一又は類似の商標を使用する場合は、文字のみで構成される商標に限らず、図形等との結合商標であっても、当該商標の使用はＧＩ産品の名称と同一又は類似の表示であるとして GI 法による規制の対象となります。これは、文字商標であれ、結合商標であれ、何人もGI 法に基づき登録された産品の名称と同一又は類似の名称を表示してはならないというGI 法第３条第２項第２号及び第３号の反対解釈によるものです。

※ GI 法第３条第２項第２号及び第３号では、

・ GI 法に基づく登録の日前の商標出願に係る登録商標が当該商標の権利者により使用される場合（GI 法第３条第２項第２号）

・ GI 法に基づく登録の日前から商標法等の規定により商標を使用する権利を有している者が当該権利に係る商標の使用をする場合（GI 法第３条第２項第３号）

を例外的に許容していますが、その反対解釈として登録の日後に商標登録出願された場合等についてはその使用は認められないこととなります。

Q45. 申請する名称と同一又は類似する商標について、申請者自らがその商標権者である場合でも商標権者等の承諾を証明する書面（承諾書）の提出は必要でしょうか。

A45. 不要です。

Q46. 申請しようとしている名称と登録商標に含まれている文字部分等が同一又は類似かどうかの判断のポイントは。

A46. Q43を参照してください。

Q47. 地理的表示に係る登録生産者団体の構成員であり、かつ、当該産品の名称と同一又は類似の商標を自ら登録しているため、産品の品質に応じて GI 法に基づき登録された産品の名称の表示（地理的表示）と商標権に基づく表示を使い分けたいと考えています。GI 法に基づき登録された産品の基準を満たすものには地理的表示とＧＩマークを付し、基準を満たさないものには商標を使用するという使い分けをすることはできますか。

A47. 両者をそのように使い分けることはできません。

自らが生産者団体の構成員である場合、生産者団体の定める生産行程管理業務規程に従う必要があります。そのため、生産者団体の構成員自らが GI 法による登録を受ける前に出願・登録した登録商標であり、かつ、当該商標が GI 法に基づき登録された産品の名称と同一又は類似である場合、生産者団体の構成員に GI 法に基づき登録された産品の基準を満たさない産品について当該商標を使用することを認めると、当該構成員が属する生産者団体は地理的表示及び GI マークを、構成員である生産業者に適切に使用させるという生産行程管理ができない団体ということになるため、GI 法に基づく措置命令等の対象となります。

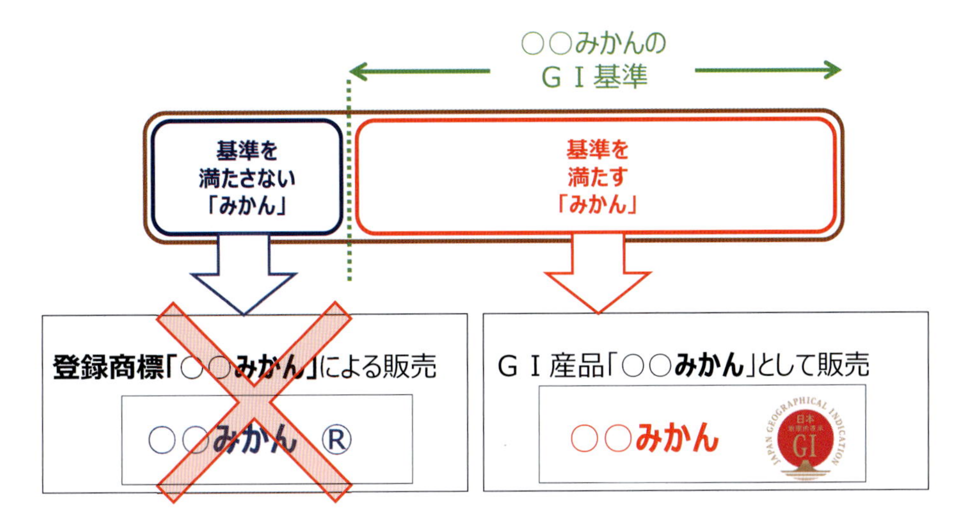

「○○**みかん**」という名称を表示する場合、ＧＩ基準を満たしている「みかん」であることが求められる。

（11）その他

Q48. 日本の GI 制度において登録されたら海外でも保護されるのでしょうか。

A48. 保護されません。登録の効果は我が国の国内に限られます。

しかしながら、海外との地理的表示の相互保護を進めているところであり、将来的に様々な国で生産者団体の経済的負担なく海外で保護される可能性があります。

例えば、平成 29 年 12 月に交渉妥結した日 EU・EPA においては、EU の 71 産品を日本で、日本の 48 産品を EU で保護することで合意しています。

Q49. 海外から地理的表示が付された模倣品（登録基準を満たさない農林水産物等）が輸入された場合は、取締りの対象となりますか。

A49. 取り締まりの対象となります。輸入業者が GI 法により登録された産品の生産業者から直接又は間接に譲り受けた産品以外の産品に地理的表示やこれに類似する表示を付して陳列等することは禁止されています。

参考

〈特定農林水産物等の名称の保護に関する法律　三段表〉

巻末より始まります。

（公益通報者保護法別表第八号の法律を定める政令の一部改正）

第三条　公益通報者保護法別表第八号の法律を定める政令（平成十七年政令第百四十六号）の一部を次のように改正する。

本則に次の一号を加える。

四百四十一　特定農林水産物等の名称の保護に関する法律（平成二十六年法律第八十四号）

（農林水産省組織令の一部改正）

第四条　農林水産省組織令（平成十二年政令第二百五十三号）の一部を次のように改正する。

第五条中第十六号を第十七号とし、第九号から第十五号までを一号ずつ繰り下げ、第八号の次に次の一号を加える。

九　特定農林水産物等の名称の保護に関すること。

第四十六条中第五号を第六号とし、第四号を第五号とし、第三号を第四号とし、第二号の次に次の一号を加える。

三　特定農林水産物等の名称の保護に関すること。

（商標法の一部改正）

第四条　商標法の一部を次のように改正する。

第二十六条に次の一項を加える。

3　商標権の効力は、次に掲げる行為には、及ばない。ただし、その行為が不正競争の目的でされない場合に限る。

一　特定農林水産物等の名称の保護に関する法律（平成二十六年法律第八十四号。以下この項において「特定農林水産物等名称保護法」という。）第三条第一項の規定により商品又は商品の包装に特定農林水産物等名称保護法第二条第三項に規定する地理的表示（以下この項において「地理的表示」という。）を付する行為

二　特定農林水産物等名称保護法第三条第一項の規定により商品又は商品の包装に地理的表示を付したものを譲渡し、引き渡し、譲渡若しくは引渡しのために展示し、輸出し、又は輸入する行為

三　特定農林水産物等名称保護法第三条第一項の規定により商品に関する送り状に地理的表示を付して展示する行為

（登録免許税法の一部改正）

第五条　登録免許税法（昭和四十二年法律第三十五号）の一部を次のように改正する。

別表第一第八十七号の次に次のように加える。

八十七の二　登録生産者団体の登録又は変更の登録		
特定農林水産物等の名称の保護に関する法律（平成二十六年法律第八十四号）第六条（特定農林水産物等の登録）の登録生産者団体の登録又は同法第十五条第一項（生産者団体を追加する変更の登録）の変更の登録	登録件数	一件につき九万円

（政令への委任）

第六条　附則第三条に定めるもののほか、この法律の施行に関し必要な事項は、政令で定める。

（登録免許税法施行令の一部改正）

第二条　登録免許税法施行令（昭和四十二年政令第百四十六号）の一部を次のように改正する。

第三十条中「第八十五号」の下に「、第八十七号の二」を加える。

査を拒み、妨げ、若しくは忌避した者

第四十三条　法人（法人でない団体で代表者又は管理人の定めのあるものを含む。以下この項において同じ。）の代表者若しくは管理人又は法人若しくは人の代理人、使用人その他の従業者が、その法人又は人の業務に関し、次の各号に掲げる規定の違反行為をしたときは、行為者を罰するほか、その法人に対して当該各号に定める罰金刑を、その人に対して各本条の罰金刑を科する。
一　第三十九条　三億円以下の罰金刑
二　第四十条　一億円以下の罰金刑
三　前条　同条の罰金刑
2　法人でない団体について前項の規定の適用がある場合には、その代表者又は管理人が、その訴訟行為につきその法人でない団体を代表するほか、法人を被告人又は被疑者とする場合の刑事訴訟に関する法律の規定を準用する。

附　則

（施行期日）
第一条　この法律は、公布の日から起算して一年を超えない範囲内において政令で定める日から施行する。ただし、附則第六条の規定は、公布の日から施行する。

（検討）
第二条　政府は、この法律の施行後十年以内に、この法律の施行の状況について検討を加え、その結果に基づいて必要な措置を講ずるものとする。

（調整規定）
第三条　この法律の施行の日が食品表示法（平成二十五年法律第七十号）の施行の日前である場合には、同日の前日までの間における第三条第二項の規定の適用については、同項中「農林物資の規格化等に関する法律」とあるのは、「農林物資の規格化及び品質表示の適正化に関する法律」とする。

附　則

（施行期日）
第一条　この政令は、法の施行の日（平成二十七年六月一日）から施行する。

附　則　抄

（施行期日）
第一条　この省令は、法の施行の日（平成二十七年六月一日）から施行する。

附　則（平成二八年一二月二二日農林水産省令第七九号）

この省令は、環太平洋パートナーシップ協定の締結に伴う関係法律の整備に関する法律（平成二十八年法律第百八号）附則第一条第二号に掲げる規定の施行の日（平成二十八年十二月二十六日）から施行する。

（農林水産省令への委任）

第三十八条　この法律に定めるもののほか、この法律の実施のための手続その他この法律の施行に関し必要な事項は、農林水産省令で定める。

第六章　罰則

第三十九条　第五条（第一号に係る部分に限る。）の規定による命令に違反した者は、五年以下の懲役若しくは五百万円以下の罰金に処し、又はこれを併科する。

第四十条　第五条（第一号に係る部分を除く。）の規定による命令に違反した者は、三年以下の懲役又は三百万円以下の罰金に処する。

第四十一条　第十一条第四項（第十五条第二項、第十六条第三項及び第二十二条第二項において準用する場合を含む。）及び第二十七条第五項（第三十一条第二項及び第三十二条第二項において準用する場合を含む。）の規定に違反した者は、六月以下の懲役又は五十万円以下の罰金に処する。

第四十二条　次の各号のいずれかに該当する者は、三十万円以下の罰金に処する。

一　第十七条第一項又は第二十条第二項の規定による届出をせず、又は虚偽の届出をした者

二　第十八条の規定による届出をせず、又は虚偽の届出をして生産行程管理業務規程の変更をした者

三　第十九条の規定による届出をせず、又は虚偽の届出をして生産行程管理業務の休止をした者

四　第三十四条第一項の規定による報告をせず、若しくは虚偽の報告をし、又は同項の規定による検

該登録生産者団体、生産業者その他の関係者の主たる事務所の所在地を管轄する地方農政局長

二　法第三十四条第一項の規定による登録生産者団体、生産業者その他の関係者に関する立入検査　当該登録生産者団体、生産業者その他の関係者の事務所、事業所、倉庫、ほ場、工場その他の立入検査に係る場所の所在地を管轄する地方農政局長

三　法第三十五条第一項の規定による申出の受付及び同条第二項の規定による前条第四号イからホまでに掲げる者に関する調査　当該調査に係る同号イからホまでに掲げる者の主たる事務所の所在地を管轄する地方農政局長

のために認められたものと解してはならない。

第三十五条（農林水産大臣に対する申出）何人も、第三条第二項若しくは第三項又は第四条の規定に違反する事実があると思料する場合には、農林水産省令で定める手続に従い、その旨を農林水産大臣に申し出て適切な措置をとるべきことを求めることができる。

2 農林水産大臣は、前項の規定による申出があったときは、必要な調査を行い、その申出の内容が事実であると認めるときは、第五条又は第二十一条に規定する措置その他の適切な措置をとらなければならない。

第三十六条（関係行政機関の協力）農林水産大臣は、この法律の目的を達成するため必要があると認めるときは、関係行政機関の長に対し、資料又は情報の提供、意見の開陳その他の必要な協力を求めることができる。

第三十七条（権限の委任）この法律に規定する農林水産大臣の権限は、農林水産省令で定めるところにより、その一部を地方支分部局の長に委任することができる。

第二十九条（農林水産大臣に対する申出の手続）法第三十五条第一項の規定による申出は、次に掲げる事項を記載した文書（正副三通）をもってしなければならない。

一 申出人の氏名又は名称及び住所

二 申出に係る農林水産物等の名称

三 申出の理由

四 次に掲げる者の氏名又は名称及び住所

イ 申出に係る農林水産物等又はその包装等に登録に係る特定農林水産物等に係る地理的表示若しくはこれに類似する表示を付した者

ロ 申出に係る農林水産物等又はその包装等に登録標章を付していない者

ハ 申出に係る農林水産物等又はその包装等に登録標章又はこれに類似する標章を付した者

ニ 登録に係る特定農林水産物等に係る地理的表示又はこれに類似する表示が付された申出に係る農林水産物等（その包装等にこれらの表示が付されたものを含む。）であってその輸入に係るものを譲り渡し、譲渡しの委託をし、又は譲渡しのために陳列した輸入業者

ホ 登録標章又はこれに類似する標章が付された申出に係る農林水産物等（その包装等にこれらの標章が付されたものを含む。）であってその輸入に係るものを譲り渡し、譲渡しの委託をし、又は譲渡しのために陳列した輸入業者

五 申出に係る農林水産物等の申出時における所在場所及び所有者の氏名又は名称

第三十条（権限の委任）法に規定する農林水産大臣の権限のうち、次の各号に掲げるものは、当該各号に定める地方農政局長（北海道農政事務所長を含む。以下同じ。）に委任する。ただし、農林水産大臣が自らその権限を行使することを妨げない。

一 法第三十四条第一項の規定による登録生産者団体、生産業者その他の関係者に対する報告の徴収　当

至ったとき。
二　第二十九条第二項に規定する商標権者又は専用使用権者が同項に規定する承諾を撤回したとき。
2　第二十四条、第二十五条及び第二十七条の規定は、前項（第一号に係る部分に限る。）の規定による指定の取消しについて準用する。この場合において、第二十四条中「前条第二項各号に掲げる事項」とあるのは「指定番号、取消しをしようとする理由」と、第二十七条第一項中「指定対象特定農林水産物等について第二十九条第一項第一号に掲げる場合に該当するかどうか並びに当該指定対象特定農林水産物等」とあるのは「第二十四条の規定による公示に係る特定農林水産物等」と、「同項第二号イ及びロ」とあるのは「第三十二条第一項第一号（第二十九条第一項第二号イに係る部分に限る。）」と、同条第二項中「指定対象特定農林水産物等」とあるのは「第二十四条の規定による公示に係る特定農林水産物等」と、「第二十九条第一項第二号ハ」とあるのは「第三十二条第一項第一号（第二十九条第一項第二号ハに係る部分に限る。）」と読み替えるものとする。
3　農林水産大臣は、第一項の規定による指定の全部又は一部の取消しをしたときは、直ちにその旨を公示しなければならない。

第五章　雑則

（公示の方法）
第三十三条　この法律の規定による公示は、インターネットの利用その他の適切な方法により行うものとする。
2　前項の公示に関し必要な事項は、農林水産省令で定める。

（報告及び立入検査）
第三十四条　農林水産大臣は、この法律の施行に必要な限度において、登録生産者団体、生産業者その他の関係者に対し、その業務に関し必要な報告を求め、又はその職員に、これらの者の事務所、事業所、倉庫、ほ場、工場その他の場所に立ち入り、業務の状況若しくは農林水産物等、その原料、帳簿、書類その他の物件を検査させることができる。
2　前項の規定により立入検査をする職員は、その身分を示す証明書を携帯し、関係人にこれを提示しなければならない。
3　第一項の規定による立入検査の権限は、犯罪捜査

いて、第二十一条中「別記様式第十号」とあるのは、「別記様式第十二号」と読み替えるものとする。

（公示の方法）
第二十七条　法第三十三条第一項の規定による公示は、農林水産省のウェブサイトへの掲載により行うものとする。

（身分を示す証明書）
第二十八条　法第三十四条第二項の証明書は、別記様式第十三号による。

るのは「第三十一条第一項の規定による」と、「変更の登録」とあるのは「指定の変更」と、「同項第三号及び第四号中「登録の日」とあるのは「指定の日」とする。

（指定の変更）

第三十一条　農林水産大臣は、指定に係る特定農林水産物等について、締約国の同等制度において第二十三条第二項第二号から第六号までに掲げる事項のいずれかが変更された場合には、当該指定を変更しなければならない。

2　第二十四条、第二十五条及び第二十七条から第二十九条までの規定（前項の規定による指定の変更に係る事項が農林水産省令で定める軽微なものである場合にあっては、第二十五条及び第二十七条の規定を除く。）は、同項の規定による指定の変更について準用する。この場合において、第二十四条中「前条第二項各号に掲げる事項」とあるのは「指定番号、前条第二項第二号から第六号までに掲げる事項のうち変更に係るもの」と、第二十七条第一項中「指定対象特定農林水産物等に」とあるのは「第二十四条の規定による公示に係る特定農林水産物等に」と、「指定対象特定農林水産物等の」とあるのは「特定農林水産物等の」と、同条第二項中「指定対象特定農林水産物等」とあるのは「第二十四条の規定による公示に係る特定農林水産物等」と、第二十八条第一項中「第二十四条から前条まで」とあるのは前項の規定による指定の変更に係る事項が当該農林水産省令で定める軽微なものである場合以外の場合にあっては「第二十四条、第二十五条及び前条」と、同項の規定による指定の変更に係る事項が当該農林水産省令で定める軽微なものである場合にあっては「第二十四条」と、同条第二項中「次に掲げる」とあるのは「指定番号、変更の年月日、変更に係る事項その他農林水産省令で定める」と、第二十九条第一項中「指定対象特定農林水産物等」とあるのは「第二十四条の規定による公示に係る特定農林水産物等」と読み替えるものとする。

（指定の取消し）

第三十二条　農林水産大臣は、次に掲げる場合には、指定の全部又は一部を取り消すことができる。

一　指定に係る特定農林水産物等の名称が第二十九条第一項第二号イ又はハのいずれかに該当するに

（指定の変更）

第二十五条　法第三十一条第二項の農林水産省令で定める軽微な事項は、次に掲げる事項とする。

一　行政区画又は土地の名称の変更に伴う指定に係る特定農林水産物等の生産地の名称の変更

二　指定に係る特定農林水産物等の名称が法第二十九条第一項第二号ロに該当する場合において、当該指定後に同号ロに規定する登録商標に係る商標権について専用使用権が設定されたときにおける当該専用使用権の専用使用権者の氏名又は名称の追加

三　誤記の訂正

四　前三号に掲げるもののほか、法第二十三条第二項第二号から第六号までに掲げる事項の実質的な変更を伴わない変更

2　法第三十一条第二項において読み替えて準用する法第二十八条第一項の農林水産省令で定める事項は、次に掲げる事項とする。

一　指定の年月日

二　指定に係る特定農林水産物等の区分

三　指定に係る特定農林水産物等の名称

3　第二十一条から前条まで（法第三十一条第一項の規定による指定の変更に係る事項が第一項各号に掲げる事項である場合にあっては、第二十一条から第二十三条までの規定を除く。）の規定は、法第三十一条第一項の規定による指定の変更について準用する。この場合において、第二十一条中「別記様式第十号」とあるのは、「別記様式第十一号」と読み替えるものとする。

（法第三十二条第一項の規定による指定の取消しへの準用）

第二十六条　第二十一条及び第二十二条の規定は、法第三十二条第一項（第一号に係る部分に限る。）の規定による指定の取消しについて準用する。この場合にお

指定をしてはならない。

一　指定対象特定農林水産物等の全部又は一部が登録又は指定に係る特定農林水産物等のいずれかに該当するとき。

二　指定対象特定農林水産物等の名称について次のいずれかに該当するとき。

イ　普通名称であるとき。

ロ　次に掲げる登録商標と同一又は類似の名称であるとき。

(1)　指定対象特定農林水産物等又はこれに類似する商品に係る登録商標

(2)　指定対象特定農林水産物等又はこれに類似する商品に関する役務に係る登録商標

ハ　締約国の同等制度により保護される名称でなくなったとき、その他その名称を保護すべきでない場合として農林水産省令で定める場合

2　前項（第二号ロに係る部分に限る。）の規定は、同号ロに規定する名称の特定農林水産物等についての指定をすることについて、農林水産大臣が同号ロに規定する登録商標に係る商標権者の承諾を得ている場合（当該登録商標に係る商標権について専用使用権が設定されているときは、当該特定農林水産物等についての指定をすることについて当該専用使用権の専用使用権者の承諾を得ている場合に限る。）には、適用しない。

（指定対象特定農林水産物等の名称を保護すべきでない場合）

第二十四条　法第二十九条第一項第二号ハの農林水産省令で定める場合は、次に掲げる場合とする。

一　動植物の品種の名称と同一の名称であって、指定対象特定農林水産物等の生産地について誤認させるおそれのあるものである場合

二　不正競争防止法第二条第一項第一号又は第二号に掲げる行為を組成する名称である場合

三　締約国との条約その他の国際約束において保護すべきものとされなかった場合

（指定に係る特定農林水産物等の地理的表示）

第三十条　指定に係る特定農林水産物等は、第三条及び第十三条第一項第三号ロの規定の適用については、登録に係る特定農林水産物等とみなす。この場合において、第三条第一項中「第六条の登録（次項（第二号を除く。）及び第三項並びに次条第一項において単に「登録」という。）を受けた生産者団体（第十五条第一項の変更の登録を受けた生産者団体を含む。以下「登録生産者団体」という。）の構成員たる生産業者」とあるのは「第二十三条第一項の指定（次項において単に「指定」という。）に係る特定農林水産物等について締約国（同条第一項に規定する締約国をいう。）の同等制度（同項に規定する同等制度をいう。）において地理的表示を付することができることとされている者」と、「当該生産業者」とあるのは「その者」と、同条第二項第二号中「第六条の登録の日（当該登録に係る第七条第一項第三号」とあるのは「指定の日（指定に係る第二十三条第二項第二号」と、「第十六条第一項の」とあ

2　前項第二号に該当する登録の申請は、前条に規定する期間の経過後は、することができない。ただし、指定対象特定農林水産物等について、第二十九条第一項の規定により指定をしないこととされた後又は指定があった後は、この限りでない。

（学識経験者の意見の聴取）

第二十七条　農林水産大臣は、第二十五条に規定する期間が満了したときは、農林水産省令で定めるところにより、指定対象特定農林水産物等について第二十九条第一項第一号に掲げる場合に該当するかどうか並びに当該指定対象特定農林水産物等の名称について同項第二号イ及びロに掲げる場合に該当するかどうかについて、学識経験者の意見を聴かなければならない。

2　農林水産大臣は、第二十五条に規定する期間が満了したときは、農林水産省令で定めるところにより、指定対象特定農林水産物等の名称について第二十九条第一項第二号ハに掲げる場合に該当するかどうかについて、学識経験者の意見を聴くことができる。

3　前二項の場合において、農林水産大臣は、第二十五条の規定により提出された意見書の内容を学識経験者に示さなければならない。

4　第一項又は第二項の規定により意見を求められた学識経験者は、必要があると認めるときは、第二十五条の規定により意見書を提出した者その他の関係者から意見を聴くことができる。

5　第一項又は第二項の規定により意見を求められた学識経験者は、その意見を求められた事案に関して知り得た秘密を漏らし、又は盗用してはならない。

（指定の実施）

第二十八条　農林水産大臣は、第二十四条から前条までの規定による手続を終えたときは、次条第一項の規定により指定をしないこととする場合を除き、指定をしなければならない。

2　農林水産大臣は、指定をしたときは、直ちに次に掲げる事項を公示しなければならない。

一　指定番号及び指定の年月日

二　当該指定に係る締約国の名称

三　第二十三条第二項各号に掲げる事項

（指定の基準）

第二十九条　農林水産大臣は、次に掲げる場合には、

（指定対象特定農林水産物等に係る学識経験者からの意見聴取）

第二十二条　農林水産大臣は、法第二十七条第一項又は第二項の規定により学識経験者の意見を聴くときは、第十条の学識経験者の名簿に記載されている者の意見を聴くものとする。

（指定に係る再公示等）

第二十三条　農林水産大臣は、法第二十四条の規定による公示をした後当該公示に係る特定農林水産物等についての指定をするまで又は指定をしないこととするまでの間において、法第二十三条第二項各号に掲げる事項に実質的な変更があったときは、改めて法第二十四条、第二十五条及び第二十七条の規定による手続を行わなければならない。

三　当該特定農林水産物等の生産地
四　当該特定農林水産物等の特性
五　前各号に掲げるもののほか、当該特定農林水産物等の生産の方法その他の当該特定農林水産物等を特定するために必要な事項
六　前各号に掲げるもののほか、当該特定農林水産物等について農林水産省令で定める事項

（指定前の公示）
第二十四条　農林水産大臣は、指定をしようとするときは、あらかじめ、前条第二項各号に掲げる事項その他必要な事項を公示しなければならない。

（意見書の提出）
第二十五条　前条の規定による公示があったときは、何人も、当該公示の日から三月以内に、当該公示に係る特定農林水産物等について、当該指定をすることについて、農林水産大臣に意見書を提出することができる。

（指定前の公示があった場合の登録の申請の制限）
第二十六条　次の各号のいずれにも該当する登録の申請は、次条第三項及び第四項の規定の適用については、第二十四条の規定による公示に係る特定農林水産物等（以下「指定対象特定農林水産物等」という。）についての指定をすることについて前条の規定によりされた意見書の提出とみなす。この場合においては、農林水産大臣は、当該各号のいずれにも該当する登録の申請をした生産者団体に対し、その旨を通知しなければならない。
一　第二十四条の規定による公示がされた後前条に規定する期間が満了するまでの間にされた登録の申請であること。
二　当該登録の申請に係る農林水産物等の全部又は一部が指定対象特定農林水産物等の全部又は一部に該当すること。

（指定事項）
第二十条　法第二十三条第二項第六号の農林水産省令で定める事項は、次に掲げる事項とする。
一　指定対象特定農林水産物等の名称について法第二十九条第一項第二号ロの該当の有無
二　指定対象特定農林水産物等の名称について法第二十九条第一項第二号ロに該当する場合には、次に掲げる事項
イ　第六条第二項第二号イからへまでに掲げる事項
ロ　指定をすることについての商標権者又は専用使用権者の承諾の年月日

（指定対象特定農林水産物等に係る意見書の様式）
第二十一条　法第二十五条の意見書は、別記様式第十号により作成しなければならない。

理由」と、同条第二項中「前条第一項の申請書並びに同条第二項第一号」とあるのは「前条第二項第一号」と、第十一条第一項中「第十三条第一項第二号から第四号まで」とあるのは「第二十二条第一項第二号及び第三号」と読み替えるものとする。

3　農林水産大臣は、第一項の規定による登録の全部又は一部の取消しをしたときは、特定農林水産物等登録簿につき、その登録の全部又は一部を消除しなければならない。

4　農林水産大臣は、前項の規定により登録の全部又は一部を消除したときは、その旨を、当該登録の取消しに係る登録生産者団体に通知するとともに、公示しなければならない。

第四章　外国の特定農林水産物等に関する特例

（外国の特定農林水産物等の指定）

第二十三条　農林水産大臣は、我が国がこの法律に基づく特定農林水産物等の名称の保護に関する制度と同等の水準にあると認められる特定農林水産物等の名称の保護に関する制度（以下「同等制度」という。）を有する外国（本邦の域外にある国又は地域をいう。以下この項において同じ。）であって、次の各号のいずれにも該当するもの（以下「締約国」という。）と相互に特定農林水産物等の名称の保護を図るため、当該締約国の同等制度によりその名称が保護されている当該締約国の特定農林水産物等について指定をすることができる。

一　次に掲げる事項をその内容に含む条約その他の国際約束を我が国と締結していること。

イ　当該外国の同等制度により我が国の特定農林水産物等の名称を保護すべきものとされていること。

ロ　我が国がこの法律により当該外国の特定農林水産物等の名称を保護すべきものとされていること。

二　前号の国際約束において保護すべきものとされている我が国の特定農林水産物等の名称について、その適切な保護を我が国又は当該特定農林水産物等に係る登録生産者団体が当該外国の権限のある機関に要請した場合には、必要な措置を講ずると認められること。

2　前項の指定（以下単に「指定」という。）は、次に掲げる事項を定めてするものとする。

一　当該特定農林水産物等の区分

二　当該特定農林水産物等の名称

3 農林水産大臣は、第一項の規定により登録がその効力を失ったときは、特定農林水産物等登録簿につき、その登録を消除しなければならない。

4 農林水産大臣は、前項の規定により登録を消除したときは、その旨を公示しなければならない。

（措置命令）

第二十一条 農林水産大臣は、次に掲げる場合には、登録生産者団体に対し、明細書又は生産行程管理業務規程の変更その他の必要な措置をとるべきことを命ずることができる。

一 その構成員たる生産業者が、第三条第二項若しくは第四条の規定に違反し、又は第五条の規定による命令に違反したとき。

二 その明細書が第十二条第二項第二号に掲げる事項に適合していないとき。

三 第十三条第一項第二号（イを除く。）に該当するに至ったとき。

（登録の取消し）

第二十二条 農林水産大臣は、次に掲げる場合には、登録の全部又は一部を取り消すことができる。

一 登録生産者団体が次のいずれかに該当するとき。

イ 生産者団体に該当しなくなったとき。

ロ 第十三条第一項第一号ロ（⑴に係る部分に限る。）に該当するに至ったとき。

ハ 前条の規定による命令に違反したとき。

ニ 不正の手段により第六条の登録又は第十五条第一項若しくは第十六条第一項の変更の登録を受けたとき。

二 登録に係る特定農林水産物等が第十三条第一項第三号イに該当するに至ったとき。

三 登録に係る特定農林水産物等の名称が第十三条第一項第四号イに該当するに至ったとき。

四 第十三条第二項各号に規定する商標権者又は専用使用権者が同項各号に規定する承諾を撤回したとき。

2 第八条、第九条及び第十一条の規定は、前項（第二号及び第三号に係る部分に限る。）の規定による登録の取消しについて準用する。この場合において、第八条第一項中「第十三条第一項（第一号に係る部分に限る。）の規定により登録を拒否する場合を除き、前条第一項第一号から第八号までに掲げる事項」とあるのは「登録番号、取消しをしようとする

（法第二十二条第一項の規定による登録の取消しへの準用）

第十九条 第八条から第十条までの規定は、法第二十二条第一項（第二号及び第三号に係る部分に限る。）の規定による登録の取消しについて準用する。この場合において、第八条中「別記様式第二号」とあるのは、「別記様式第九号」と読み替えるものとする。

（登録生産者団体の変更の届出等）

第十七条　登録生産者団体は、当該登録生産者団体に係る第十二条第二項第三号に掲げる事項に変更があつたときは、遅滞なく、その旨及びその年月日を農林水産大臣に届け出なければならない。

2　農林水産大臣は、前項の規定による届出があつたときは、当該届出に係る事項を特定農林水産物等登録簿に記載して、変更の登録をしなければならない。

3　農林水産大臣は、前項の変更の登録をしたときは、その旨を公示しなければならない。

（生産行程管理業務規程の変更の届出）

第十八条　登録生産者団体は、生産行程管理業務規程の変更をしようとするときは、あらかじめ、農林水産大臣に届け出なければならない。

（生産行程管理業務の休止の届出）

第十九条　登録生産者団体は、生産行程管理業務を休止しようとするときは、あらかじめ、農林水産大臣に届け出なければならない。

（登録の失効）

第二十条　次の各号のいずれかに該当する場合には、登録（当該登録に係る登録生産者団体が二以上ある場合にあつては、第十二条第二項第三号に掲げる事項のうち当該各号のいずれかに該当する登録生産者団体に係る部分に限る。以下この条において同じ。）は、その効力を失う。

一　登録生産者団体が解散した場合においてその清算が結了したとき。

二　登録生産者団体が生産行程管理業務を廃止したとき。

2　前項の規定により登録がその効力を失つたときは、当該登録に係る登録生産者団体（同項第一号に掲げる場合にあつては、清算人）は、遅滞なく、効力を失つた事由及びその年月日を農林水産大臣に届け出なければならない。

、第十三条中「次に掲げる事項」とあるのは「変更の年月日、第一号から第三号までに掲げる事項及び変更に係る事項」と、第十四条第一項中「登録をしたときは、当該登録」とあるのは「変更の登録（法第七条第一項第三号に掲げる事項に係るものに限る。）をしたときは、当該変更の登録」と読み替えるものとする。

び前条」と、同条第二項中「次に」とあるのは「変更の年月日及び第三号に」と、第十三条第一項中「次に掲げる場合」とあるのは「第一号、第二号及び第四号（イを除く。）に掲げる場合」と、同項第二号イ中「これらの」とあるのは「登録番号に係る前条第二項第二号に掲げる」と読み替えるものとする。

（明細書の変更の登録）

第十六条　登録生産者団体は、明細書の変更（第七条第一項第三号から第八号までに掲げる事項に係るものに限る。）をしようとするときは、変更の登録を受けなければならない。

2　前項の場合において、第六条の登録に係る登録生産者団体が二以上あるときは、当該登録に係る全ての登録生産者団体は、共同して同項の変更の登録の申請をしなければならない。

3　第七条第一項及び第二項、第八条、第九条並びに第十一条から第十三条までの規定（第一項の変更の登録に係る事項が農林水産省令で定める軽微なものである場合にあっては、第九条及び第十一条の規定を除く。）は、第一項の変更の登録について準用する。この場合において、第七条第一項中「次に掲げる事項」とあるのは「第一項に掲げる事項、登録番号及び第三号から第八号までに掲げる事項のうち変更に係るもの」と、第八条第一項中「前条第一項第一号から第八号までに掲げる事項」とあるのは「前条第一項第一号に掲げる事項、登録番号、同項第三号から第八号までに掲げる事項のうち変更に係るもの」と、第十二条第一項中「同条から前条まで」とあるのは「第一項の変更の登録に係る事項が当該農林水産省令で定める軽微なものである場合以外の場合にあつては「同条、第九条及び前条」と、同項の変更の登録に係る事項が当該農林水産省令で定める軽微なものである場合にあつては「同条」と、同条第二項中「次に掲げる」とあるのは「変更の年月日及び変更に係る」と、第十三条第一項第二号イ中「同項第二号」とあるのは「同項第三号」と、「事項」とあるのは「事項のうち変更に係るもの」と読み替えるものとする。

（明細書の変更の登録）

第十八条　法第十六条第三項の農林水産省令で定める軽微な事項は、次に掲げる事項とする。

一　行政区画又は土地の名称の変更に伴う登録に係る特定農林水産物等の生産地の名称の変更

二　登録に係る特定農林水産物等の名称が法第十三条第一項第四号ロに該当する場合において、当該登録後に同号ロに規定する登録商標に係る商標権について専用使用権が設定されたときにおける当該専用使用権の専用使用権者の氏名又は名称の追加

三　誤記の訂正

四　前三号に掲げるもののほか、法第七条第一項第三号から第八号までに掲げる事項の実質的な変更を伴わない変更

2　第五条、第六条第一項、第二項及び第四項、第七条から第十一条まで並びに第十三条から第十六条までの規定（法第十六条第一項の変更の登録に係る事項が前項に掲げる事項である場合にあつては、第八条から第十一条まで及び第十四条の規定を除く。）は、法第十六条第一項の変更の登録について準用する。この場合において、第六条第四項中「別記様式第一号」とあるのは「別記様式第七号」と、第七条中「次に掲げる書類」とあるのは「第一号及び第四号から第九号までに掲げる書類」と、同条第七号中「申請農林水産物等」とあるのは「法第十六条第一項の変更の登録に係る事項が法第七条第一項第四号から第七号までに掲げる事項である場合には、申請農林水産物等」と、第八条中「別記様式第二号」とあるのは「別記様式第八号」と

ロ　当該生産者団体以外の当該専用使用権の専用使用権者

三　前項第四号ロに規定する名称の農林水産物等について登録をすることについて同号ロに規定する登録商標に係る商標権者の承諾を得ている生産者団体（当該登録商標に係る商標権について専用使用権が設定されているときは、当該農林水産物等について登録をすることについて当該専用使用権の専用使用権者の承諾を得ている場合に限る。）

3　農林水産大臣は、第一項の規定により登録を拒否したときは、登録の申請をした生産者団体に対し、その旨及びその理由を書面により通知しなければならない。

（特定農林水産物等登録簿の縦覧）

第十四条　農林水産大臣は、特定農林水産物等登録簿を公衆の縦覧に供しなければならない。

（生産者団体を追加する変更の登録）

第十五条　第六条の登録に係る特定農林水産物等について生産行程管理業務を行おうとする生産者団体（当該登録を受けた生産者団体を除く。）は、第十二条第二項第三号に掲げる事項に当該生産者団体に係る第七条第一項第一号に掲げる事項を追加する変更の登録を受けることができる。

2　第七条から第九条まで及び第十一条から第十三条までの規定は、前項の変更の登録について準用する。この場合において、第七条第一項中「次に掲げる事項」とあるのは「第一号に掲げる事項、登録番号及び第九号に掲げる事項」と、第八条第一項中「前条第一項第一号から第八号までに掲げる事項」とあるのは「前条第一項第一号に掲げる事項、登録番号」と、第十一条第一項中「第十三条第一項第二号から第四号まで」とあるのは「第十三条第一項第二号及び第四号（イを除く。）」と、第十二条第一項中「同条から前条まで」とあるのは「同条、第九条及

（生産者団体を追加する変更の登録）

第十七条　第五条、第六条第三項及び第四項、第七条から第十一条まで並びに第十三条から第十五条までの規定は、法第十五条第一項の変更の登録について準用する。この場合において、第六条第四項中「別記様式第一号」とあるのは「別記様式第五号」と、第七条中「次に掲げる書類」とあるのは「第一号から第六号までに掲げる書類」と、第八条中「別記様式第二号」とあるのは「別記様式第六号」と、第十三条中「次に掲げる事項」とあるのは「変更の年月日並びに第一号から第三号まで、第十一号及び第十二号に掲げる事項」と、同条第十二号中「第四号から第六号までに掲げる事項と明細書に定めた法第七条第一項第四号から第六号」とあるのは「登録に係る法第七条第一項第四号から第六号までに掲げる事項と明細書に定めた同項第四号から第六号」と読み替えるものとする。

め必要な体制が整備されていると認められないとき。

三 登録の申請に係る農林水産物等（次号において「申請農林水産物等」という。）について次のいずれかに該当するとき。

イ 特定農林水産物等でないとき。

ロ その全部又は一部が登録に係る特定農林水産物等のいずれかに該当するとき。

四 申請農林水産物等の名称について次のいずれかに該当するとき。

イ 普通名称であるとき、その他当該申請農林水産物等について法第二条第二項各号に掲げる事項を特定することができない名称であるとき。

ロ 次に掲げる登録商標と同一又は類似の名称であるとき。

⑴ 申請農林水産物等又はこれに類似する商品に係る登録商標

⑵ 申請農林水産物等又はこれに類似する商品に関する役務に係る登録商標

2 前項（第四号ロに係る部分に限る。）の規定は、次の各号のいずれかに該当する生産者団体が同項第四号ロに規定する名称の農林水産物等について登録の申請をする場合には、適用しない。

一 前項第四号ロに規定する登録商標に係る商標権者たる生産者団体（当該登録商標に係る商標権について専用使用権が設定されているときは、同号ロに規定する名称の農林水産物等についての登録をすることについて当該専用使用権の専用使用権者の承諾を得ている場合に限る。）

二 前項第四号ロに規定する登録商標に係る商標権について専用使用権が設定されている場合における当該専用使用権の専用使用権者たる生産者団体（同号ロに規定する名称の農林水産物等についての登録をすることについて次に掲げる者の承諾を得ている場合に限る。）

イ 当該登録商標に係る商標権者

（申請農林水産物等について法第二条第二項各号に掲げる事項を特定することができない名称）

第十六条 法第十三条第一項第四号イの申請農林水産物等について法第二条第二項各号に掲げる事項を特定することができない名称には、次に掲げる名称を含むものとする。

一 動植物の品種の名称と同一の名称であって、申請農林水産物等の生産地について誤認させるおそれのあるもの

二 不正競争防止法（平成五年法律第四十七号）第二条第一項第一号又は第二号に掲げる行為を組成する名称

消された生産者団体において、その取消しの日前三十日以内にその役員であった者であって、その取消しの日から二年を経過しない者

二 生産行程管理業務について次のいずれかに該当するとき。

イ 第七条第二項の規定により同条第一項の申請書に添付された明細書に定められた同項第二号から第八号までに掲げる事項と当該申請書に記載されたこれらの事項とが異なるとき。

ロ 生産行程管理業務規程で定める生産行程管理業務の方法が、当該生産者団体の構成員たる生産業者が行うその生産が明細書に適合して行われるようにすることを確保するために必要なものとして農林水産省令で定める基準に適合していないとき。

ハ 生産者団体が生産行程管理業務を適確かつ円滑に実施するに足りる経理的基礎を有しないとき。

ニ 生産行程管理業務の公正な実施を確保するた

（生産行程管理業務の方法の基準）

第十五条 法第十三条第一項第二号ロの農林水産省令で定める基準は、次に掲げる基準とする。

一 法第十六条第一項の変更の登録を受けたときは、当該変更の登録に係る事項に係る明細書の変更を行うこと。

二 構成員たる生産業者が行うその生産が明細書に定められた法第七条第一項第四号から第六号までに掲げる事項に適合して行われていることを確認すること。

三 前号の規定による確認の結果、構成員たる生産業者が行うその生産が明細書に定められた法第七条第一項第四号から第六号までに掲げる事項に適合して行われていないことが判明したときは、当該生産業者に対して、適切な指導を行うこと。

四 構成員たる生産業者が法第三条第一項及び第四条第一項の規定に従って特定農林水産物等又はその包装等に当該特定農林水産物等に係る地理的表示及び登録標章を付していることを確認すること。

五 前号の規定による確認の結果、構成員たる生産業者が法第三条第二項又は第四条の規定に違反していることが判明したときは、当該生産業者に対し、適切な指導を行うこと。

六 実績報告書（生産行程管理業務の実施状況に関する報告書をいう。次号において同じ。）を作成し、明細書及び生産行程管理業務規程の写しとともに毎年一回以上農林水産大臣に提出すること。

七 実績報告書及びこれに関する書類を前号の提出の日から五年間保存すること。

ない。

（登録の拒否）
第十三条　農林水産大臣は、次に掲げる場合には、登録を拒否しなければならない。
一　生産者団体について次のいずれかに該当するとき。
イ　第二十二条第一項の規定により登録を取り消され、その取消しの日から二年を経過しないとき。
ロ　その役員（法人でない生産者団体の代表者又は管理人を含む。(2)において同じ。）のうちに、次のいずれかに該当する者があるとき。
(1)　この法律の規定により刑に処せられ、その執行を終わり、又は執行を受けることがなくなった日から二年を経過しない者
(2)　第二十二条第一項の規定により登録を取り

一　登録番号及び登録の年月日
二　登録に係る特定農林水産物等の区分
三　登録に係る特定農林水産物等の名称
四　登録に係る特定農林水産物等の生産地
五　登録に係る特定農林水産物等の特性
六　登録に係る特定農林水産物等の生産の方法
七　登録に係る特定農林水産物等の特性がその生産地に主として帰せられるものであることの理由
八　登録に係る特定農林水産物等がその生産地において生産されてきた実績
九　登録に係る特定農林水産物等の名称について法第十三条第一項第四号ロの該当の有無
十　登録に係る特定農林水産物等の名称について法第十三条第一項第四号ロに該当する場合には、第六条第二項第二号に掲げる事項
十一　登録を受けた生産者団体の名称及び住所並びにその代表者（法人でない生産者団体にあっては、その代表者又は管理人）の氏名
十二　第四号から第六号までに掲げる事項と明細書に定めた法第七条第一項第四号から第六号までに掲げる事項とが異なる場合には、その旨及びその内容

（特定農林水産物等登録証の交付）
第十四条　農林水産大臣は、登録をしたときは、当該登録を受けた生産者団体に特定農林水産物等登録証を交付するものとする。
2　前項の特定農林水産物等登録証は、別記様式第四号による。

ろにより、登録の申請が第十三条第一項第二号から第四号までに掲げる場合に該当するかどうかについて、学識経験を有する者（以下「学識経験者」という。）の意見を聴かなければならない。

2　前項の場合において、農林水産大臣は、第九条第一項の規定により提出された意見書の内容を学識経験者に示さなければならない。

3　第一項の規定により意見を求められた学識経験者は、必要があると認めるときは、登録の申請をした生産者団体又は第九条第一項の規定により意見書を提出した者その他の関係者から意見を聴くことができる。

4　第一項の規定により意見を求められた学識経験者は、その意見を求められた事案に関して知り得た秘密を漏らし、又は盗用してはならない。

（登録の実施）

第十二条　農林水産大臣は、登録の申請があった場合（第八条第一項に規定する場合を除く。）において同条から前条までの規定による手続を終えたときは、次条第一項の規定により登録を拒否する場合を除き、登録をしなければならない。

2　登録は、次に掲げる事項を特定農林水産物等登録簿に記載してするものとする。

一　登録番号及び登録の年月日

二　第七条第一項第二号から第八号までに掲げる事項

三　第七条第一項第一号に掲げる事項

3　農林水産大臣は、登録をしたときは、登録の申請をした生産者団体に対しその旨を通知するとともに、農林水産省令で定める事項を公示しなければなら

の名簿に記載されている者の意見を聴くものとする。

（学識経験者の名簿）

第十条　農林水産大臣は、学識経験者を選定して、学識経験者の名簿を作成し、これを公表するものとする。

（再公示等）

第十一条　農林水産大臣は、法第八条第一項の規定による公示をした後当該公示に係る登録の申請について登録又は登録の拒否をするまでの間において、申請書、明細書又は生産行程管理業務規程の内容に実質的な変更があったときは、改めて同条、法第九条及び第十一条の規定による手続を行わなければならない。

（特定農林水産物等登録簿）

第十二条　法第十二条第二項の特定農林水産物等登録簿（次項において単に「特定農林水産物等登録簿」という。）は、別記様式第三号により作成するものとする。

2　特定農林水産物等登録簿は、農林水産省食料産業局に備えるものとする。

（登録に係る公示事項）

第十三条　法第十二条第三項の農林水産省令で定める事項は、次に掲げる事項とする。

（登録の公示等）

第八条　農林水産大臣は、登録の申請があったときは、第十三条第一項（第一号に係る部分に限る。）の規定により登録を拒否する場合を除き、前条第一項第一号から第八号までに掲げる事項その他必要な事項を公示しなければならない。

2　農林水産大臣は、前項の規定による公示の日から二月間、前条第一項の申請書並びに同条第二項第一号及び第二号に掲げる書類を公衆の縦覧に供しなければならない。

（意見書の提出等）

第九条　前条第一項の規定による公示があったときは、何人も、当該公示の日から三月以内に、当該公示に係る登録の申請について、農林水産大臣に意見書を提出することができる。

2　農林水産大臣は、前項の規定による意見書の提出があったときは、当該意見書の写しを当該登録の申請をした生産者団体に送付しなければならない。

（登録の申請の制限）

第十条　次の各号のいずれにも該当する登録の申請は、前条第二項並びに次条第二項及び第三項の規定の適用については、第八条第一項の規定による公示に係る登録の申請について前条第一項の規定によりされた意見書の提出とみなす。この場合においては、農林水産大臣は、当該各号のいずれにも該当する登録の申請をした生産者団体に対し、その旨を通知しなければならない。

一　第八条第一項の規定による公示に係る登録の申請がされた後前条第一項に規定する期間が満了するまでの間にされた登録の申請であること。

二　当該登録の申請に係る農林水産物等の全部又は一部が第八条第一項の規定による公示に係る特定農林水産物等の全部又は一部に該当すること。

2　前項第二号に該当する登録の申請は、前条第一項に規定する期間の経過後は、することができない。ただし、第八条第一項の規定による公示に係る登録の申請について、取下げ、第十三条第一項の規定により登録を拒否する処分又は登録があった後は、この限りでない。

（学識経験者の意見の聴取）

第十一条　農林水産大臣は、第九条第一項に規定する期間が満了したときは、農林水産省令で定めるところ

（意見書の様式）

第八条　法第九条第一項の意見書は、別記様式第二号により作成しなければならない。

（学識経験者からの意見聴取）

第九条　農林水産大臣は、法第十一条第一項の規定により学識経験者の意見を聴くときは、次条の学識経験者

九　前各号に掲げるもののほか、農林水産省令で定める事項

2　前項の申請書には、次に掲げる書類を添付しなければならない。
一　明細書
二　生産行程管理業務の方法に関する規程（以下「生産行程管理業務規程」という。）
三　前二号に掲げるもののほか、農林水産省令で定める書類

3　生産行程管理業務を行う生産者団体は、共同して登録の申請をすることができる。

きは、当該専用使用権の専用使用権者の氏名又は名称

ト　登録をすることについて商標権者又は専用使用権者の承諾を要するときは、当該承諾の年月日

3　法第七条第一項第九号の農林水産省令で定める事項は、同条第二項の規定により申請書に添付すべき書類の目録とする。

4　申請書は、別記様式第一号により作成しなければならない。

（申請書に添付する書類）
第七条　法第七条第二項第三号の農林水産省令で定める書類は、次に掲げる書類とする。
一　代理人により登録の申請をする場合には、その権限を証明する書面
二　登録を受けようとする団体に係る登記事項証明書、定款その他の当該団体が法第二条第五項に規定する生産者団体であることを証明する書面
三　登録を受けようとする団体が外国の団体である場合には、第一条第二号の請求に応じることを誓約する書面
四　登録を受けようとする団体が法第十三条第一項第一号イ又はロのいずれかに該当することの有無を明らかにする書面
五　最近の事業年度における財産目録、貸借対照表、収支計算書その他の登録を受けようとする団体が生産行程管理業務を適確かつ円滑に実施するに足りる経理的基礎を有することを証明する書類
六　登録を受けようとする団体が生産行程管理業務の公正な実施を確保するため必要な体制を整備していることを証明する書類
七　申請農林水産物等が特定農林水産物等であることを証明する書類（録音又は録画をしたものを含む。）
八　申請農林水産物等の写真
九　登録をすることについて商標権者又は専用使用権者の承諾を要するときは、これを証明する書面

（登録の申請）
第七条　前条の登録（第十五条、第十六条、第十七条第二項及び第三項並びに第二十二条第一項第一号ニを除き、以下単に「登録」という。）を受けようとする生産者団体は、農林水産省令で定めるところにより、次に掲げる事項を記載した申請書を農林水産大臣に提出しなければならない。
一　生産者団体の名称及び住所並びに代表者（法人でない生産者団体にあっては、その代表者又は管理人）の氏名
二　当該農林水産物等の区分
三　当該農林水産物等の名称
四　当該農林水産物等の生産地
五　当該農林水産物等の特性
六　当該農林水産物等の生産の方法
七　第二号から前号までに掲げるもののほか、当該農林水産物等を特定するために必要な事項
八　第二号から前号までに掲げるもののほか、当該農林水産物等について農林水産省令で定める事項

ことができる。
2　委任状その他の書面であって、外国語で書いたものには、その翻訳文を添付しなければならない。

（申請書の記載事項等）
第六条　法第七条第一項第七号の農林水産物等を特定するために必要な事項は、次に掲げる事項とする。
一　申請農林水産物等の特性がその生産地に主として帰せられるものであることの理由
二　申請農林水産物等がその生産地において生産されてきた実績
2　法第七条第一項第八号の農林水産省令で定める事項は、次に掲げる事項とする。
一　申請農林水産物等の名称について法第十三条第一項第四号ロの該当の有無
二　申請農林水産物等の名称について法第十三条第一項第四号ロに該当する場合には、次に掲げる事項
イ　登録商標（商標法（昭和三十四年法律第百二十七号）第二条第五項に規定する登録商標をいう。以下この号及び第十八条第一項において同じ。）
ロ　登録商標に係る商標権者の氏名又は名称
ハ　登録商標に係る指定商品又は指定役務（商標法第六条第一項の規定により指定した商品又は役務をいう。）
ニ　商標登録の登録番号
ホ　商標権の設定の登録（当該商標権の存続期間の更新登録があったときは、商標権の設定の登録及び存続期間の更新登録）の年月日
ヘ　商標権について専用使用権が設定されていると

（登録標章） 第四条　登録生産者団体の構成員たる生産業者は、前条第一項前段の規定により登録に係る特定農林水産物等又はその包装等に地理的表示を付する場合には、当該特定農林水産物等又はその包装等に登録標章（地理的表示が登録に係る特定農林水産物等の名称の表示である旨の標章であって、農林水産省令で定めるものをいう。以下同じ。）を付さなければならない。同項後段に規定する者についても、同様とする。 2　前項の規定による場合を除き、何人も、農林水産物等又はその包装等に登録標章又はこれに類似する標章を付してはならない。 3　農林水産物等の輸入業者は、登録標章又はこれに類似する標章が付された農林水産物等（その包装等にこれらの標章が付されたものを含む。）であってその輸入に係るものを譲り渡し、譲渡しの委託をし、又は譲渡しのために陳列してはならない。ただし、当該登録標章が第一項の規定により付されたものである場合には、この限りでない。	（措置命令） 第五条　農林水産大臣は、次の各号に掲げる規定に違反した者に対し、当該各号に定める措置その他の必要な措置をとるべきことを命ずることができる。 一　第三条第二項又は第三項　地理的表示又はこれに類似する表示の除去又は抹消 二　前条第一項　登録標章を付すること。 三　前条第二項又は第三項　登録標章又はこれに類似する標章の除去又は抹消	第三章　登録 （特定農林水産物等の登録） 第六条　生産行程管理業務を行う生産者団体は、明細書を作成した農林水産物等が特定農林水産物等であるときは、当該農林水産物等について農林水産大臣の登録を受けることができる。	
（登録標章の様式） 第四条　法第四条第一項の農林水産省令で定める標章は、別表の上欄に掲げる農林水産物等又はその包装等の区分ごとにそれぞれ同表の下欄に定める様式のとおりとする。			（書面の用語等） 第五条　登録の申請に関する書面は、次項に規定するものを除き、日本語で書かなければならない。ただし、生産者団体の名称及び住所、代表者（法人でない生産者団体にあっては、管理人）の氏名並びに農林水産物等の名称については、外国語を用いる

が付されたものに限る。）を直接若しくは間接に譲り受けた者が当該農林水産物等若しくはその包装等にこれらの表示を付する場合

五　前各号に掲げるもののほか、農林水産省令で定める場合

3　農林水産物等の輸入を業として行う者（次条第三項において「輸入業者」という。）は、登録に係る特定農林水産物等に係る地理的表示又はこれに類似する表示が付された次に掲げる農林水産物等（その包装等にこれらの表示が付されたものを含む。）であってその輸入に係るものを譲り渡し、譲渡しの委託をし、又は譲渡しのために陳列してはならない。ただし、これらの表示が第一項又は前項ただし書の規定により付されたものである場合には、この限りでない。

一　当該特定農林水産物等が属する区分に属する農林水産物等

二　前号に掲げる農林水産物等を主な原料又は材料として製造され、又は加工された農林水産物等

（法第三条第二項第五号の農林水産省令で定める場合）

第三条　法第三条第二項第五号の農林水産省令で定める場合は、次に掲げる場合とする。

一　法第六条の登録の日（当該登録に係る法第七条第一項第三号に掲げる事項について法第十六条第一項の変更の登録があった場合にあっては、当該変更の登録の日）前から不正の利益を得る目的、他人に損害を加える目的その他の不正の目的（次号において「不正の目的」という。）でなく法第六条の登録に係る特定農林水産物等が属する区分に属する農林水産物等を主な原料若しくは材料として製造され、若しくは加工された農林水産物等若しくはその包装等に当該特定農林水産物等に係る地理的表示と同一の名称の表示若しくはこれに類似する表示を付していた者及びその業務を承継した者が継続して当該農林水産物等若しくはその包装等にこれらの表示を付する場合又はこれらの者から当該農林水産物等（これらの表示が付されたもの又はその包装等にこれらの表示が付されたものに限る。）を直接若しくは間接に譲り受けた者が当該農林水産物等若しくはその包装等にこれらの表示を付する場合

二　不正の目的でなく自己の氏名若しくは名称若しくは著名な雅号、芸名若しくは筆名又はこれらの著名な略称の表示を付する場合

三　登録に係る特定農林水産物等の名称に普通名称が含まれる場合において、当該特定農林水産物等の名称の一部となっている普通名称の表示を付するとき。

四　法第二十三条第一項の指定に係る特定農林水産物等について締約国の同等制度において地理的表示を付することができることとされている者が当該特定農林水産物等若しくはその包装等に当該特定農林水産物等に係る地理的表示を翻訳した表示を付する場合又は当該者から当該特定農林水産物等を直接若しくは間接に譲り受けた者が当該特定農林水産物等若しくはその包装等に当該表示を付する場合

る特定農林水産物等が属する区分（日本農林規格等に関する法律（昭和二十五年法律第百七十五号）第三条第一項の規定により農林水産大臣が指定する農林物資の種類その他の事情を勘案して農林水産大臣が定める農林水産物等の区分をいう。以下同じ。）に属する農林水産物等若しくはこれを主な原料若しくは材料として製造され、若しくは加工された農林水産物等又はこれらの包装等に当該特定農林水産物等に係る地理的表示又はこれに類似する表示を付してはならない。ただし、次に掲げる場合には、この限りでない。

一　登録に係る特定農林水産物等を主な原料若しくは材料として製造され、若しくは加工された農林水産物等又はその包装等に当該特定農林水産物等に係る地理的表示又はこれに類似する表示を付する場合

二　第六条の登録の日（当該登録に係る第七条第一項第三号に掲げる事項について第十六条第一項の変更の登録があった場合にあっては、当該変更の登録の日。次号及び第四号において同じ。）前の商標登録出願に係る登録商標（商標法（昭和三十四年法律第百二十七号）第二条第五項に規定する登録商標をいう。以下同じ。）に係る商標権者その他同法の規定により当該登録商標の使用（同法第二条第三項に規定する使用をいう。以下この号及び次号において同じ。）をする権利を有する者が、その商標登録に係る指定商品又は指定役務（同法第六条第一項の規定により指定した商品又は役務をいう。）について当該登録商標の使用をする場合

三　登録の日前から商標法その他の法律の規定により商標の使用をする権利を有している者が、当該権利に係る商品又は役務について当該権利に係る商標の使用をする場合（前号に掲げる場合を除く。）

四　登録の日前から不正の利益を得る目的、他人に損害を加える目的その他の不正の目的でなく登録に係る特定農林水産物等が属する区分に属する農林水産物等若しくはその包装等に当該特定農林水産物等に係る地理的表示と同一の名称の表示若しくはこれに類似する表示を付していた者及びその業務を承継した者が継続して当該農林水産物等若しくはその包装等にこれらの表示を付する場合又はこれらの者から当該農林水産物等（これらの表示が付されたもの又はその包装等にこれらの表示

似する表示）

第二条　法第六条の登録（次条第一号、第六条第二項第二号ホ、第十五条第一号、第十七条及び第十八条第二項を除き、以下単に「登録」という。）に係る特定農林水産物等に係る法第三条第二項及び第三項の類似する表示には、次に掲げる表示（法第二十三条第一項第一号の条約その他の国際約束で定めるところによる表示を除く。）を含むものとする。

一　登録に係る特定農林水産物等に係る地理的表示に当該特定農林水産物等以外の農林水産物等の生産地の表示を伴うもの

二　登録に係る特定農林水産物等に係る種類、型若しくは様式に関する表示、模造品である旨の表示又はこれらに類する表現の表示を伴うもの

三　登録に係る特定農林水産物等に係る地理的表示を翻訳した表示

う。）とする団体（法人でない団体にあっては代表者又は管理人の定めのあるものに限り、法令又は定款その他の基本約款において、正当な理由がないのに、構成員の資格を有する者の加入を拒み、又はその加入につき現在の構成員が加入の際に付されたよりも困難な条件を付してはならない旨の定めのあるものに限る。）であって、農林水産省令で定めるものをいう。

6　この法律において「生産行程管理業務」とは、生産者団体が行う次に掲げる業務をいう。

一　農林水産物等について第七条第一項第二号から第八号までに掲げる事項を定めた明細書（以下単に「明細書」という。）の作成又は変更を行うこと。

二　明細書を作成した農林水産物等について当該生産者団体の構成員たる生産業者が行うその生産が当該明細書に適合して行われるようにするため必要な指導、検査その他の業務を行うこと。

三　前二号に掲げる業務に附帯する業務を行うこと。

第二章　特定農林水産物等の名称の保護

（地理的表示）

第三条　第六条の登録（次項（第二号を除く。）及び第三項並びに次条第一項において単に「登録」という。）を受けた生産者団体（第十五条第一項の変更の登録を受けた生産者団体を含む。以下「登録生産者団体」という。）の構成員たる生産業者は、生産を行った農林水産物等が第六条の登録に係る特定農林水産物等であるときは、当該特定農林水産物等又はその包装、容器若しくは送り状（以下「包装等」という。）に地理的表示を付することができる。当該生産業者から当該農林水産物等を直接又は間接に譲り受けた者についても、同様とする。

2　前項の規定による場合を除き、何人も、登録に係

以下「法」という。）第二条第五項の農林水産省令で定める団体は、次に掲げる要件に該当する団体とする。

一　生産業者を直接又は間接の構成員とする団体（法人でない団体にあっては代表者又は管理人の定めのあるものに限り、法令又は定款その他の基本約款において、正当な理由がないのに、構成員たる資格を有する者の加入を拒み、又はその加入につき現在の構成員が加入の際に付されたよりも困難な条件を付してはならない旨の定めのあるものに限る。）であること。

二　団体が法第二十一条各号に掲げる場合に該当することとなった場合（当該団体が外国の団体である場合に限る。）において、農林水産大臣が当該団体に対し明細書又は生産行程管理業務規程の変更その他の必要な措置をとるべき請求をしたときは、これに応じる団体であること。

（登録に係る特定農林水産物等に係る地理的表示に類

四　農林水産物を原料又は材料として製造し、又は加工したもの（第二号に掲げるものを除く。）であって、政令で定めるもの

2　この法律において「特定農林水産物等」とは、次の各号のいずれにも該当する農林水産物等をいう。

一　特定の場所、地域又は国を生産地とするものであること。

二　品質、社会的評価その他の確立した特性（以下単に「特性」という。）が前号の生産地に主として帰せられるものであること。

3　この法律において「地理的表示」とは、特定農林水産物等の名称（当該名称により前項各号に掲げる事項を特定することができるものに限る。）の表示をいう。

4　この法律において「生産」とは、農林水産物等が出荷されるまでに行われる一連の行為のうち、農林水産物等に特性を付与し、又は農林水産物等の特性を保持するために行われる行為をいい、「生産地」とは、生産が行われる場所、地域又は国をいい、「生産業者」とは、生産を業として行う者をいう。

5　この法律において「生産者団体」とは、生産業者を直接又は間接の構成員（以下単に「構成員」とい

」という。）第二条第一項第三号の政令で定める農林水産物は、次に掲げるもの（食用に供されるものを除く。）とする。

一　観賞用の植物

二　工芸農作物

三　立木竹

四　観賞用の魚

五　真珠

（農林水産物を原材料とする製品等）

第二条　法第二条第一項第四号の政令で定める農林水産物を原料又は材料として製造し、又は加工したものは、次に掲げるもの（飲食料品に該当するものを除く。）とする。

一　飼料（農林水産物を原料又は材料として製造し、又は加工したものに限る。）

二　漆

三　竹材

四　精油

五　木炭

六　木材

七　畳表

八　生糸

（生産者団体）

第一条　特定農林水産物等の名称の保護に関する法律（

○特定農林水産物等の名称の保護に関する法律
（平成二十六年法律第八十四号）

目次

第一章　総則

（目的）
第一条　この法律は、世界貿易機関を設立するマラケシュ協定附属書一Cの知的所有権の貿易関連の側面に関する協定に基づき特定農林水産物等の名称の保護に関する制度を確立することにより、特定農林水産物等の生産業者の利益の保護を図り、もって農林水産業及びその関連産業の発展に寄与し、併せて需要者の利益を保護することを目的とする。

（定義）
第二条　この法律において「農林水産物等」とは、次に掲げる物をいう。ただし、酒税法（昭和二十八年法律第六号）第二条第一項に規定する酒類並びに医薬品、医療機器等の品質、有効性及び安全性の確保等に関する法律（昭和三十五年法律第百四十五号）第二条第一項に規定する医薬品、同条第二項に規定する医薬部外品、同条第三項に規定する化粧品及び同条第九項に規定する再生医療等製品に該当するものを除く。
一　農林水産物（食用に供されるものに限る。）
二　飲食料品（前号に掲げるものを除く。）
三　農林水産物（第一号に掲げるものを除く。）であって、政令で定めるもの

○特定農林水産物等の名称の保護に関する法律施行令
（平成二十七年政令第二百二十七号）

（食用に供されない農林水産物）
第一条　特定農林水産物等の名称の保護に関する法律（以下「法

○特定農林水産物等の名称の保護に関する法律施行規則
（平成二十七年農林水産省令第五十八号）

参考

〈特定農林水産物等の名称の保護に関する法律 三段表〉

最終改正：平成２８年１２月２６日現在

地理的表示保護制度登録申請マニュアル

2018年７月20日　第１版第１刷発行

編　著　地理的表示保護制度
　　　　登録申請マニュアル作成チーム

発行者　箕　浦　文　夫

発行所　株式会社大成出版社

東京都世田谷区羽根木１－７－11
〒156-0042 電話 03（3321）4131㈹
http://www.taisei-shuppan.co.jp/

印刷　信教印刷

ISBN978-4-8028-3331-8